农业科技扶贫实用技术丛书

柿栽培
新品种新技术

秦志华　陶吉寒　艾呈祥　王　洁 ● 编著

U0210538

山东科学技术出版社

图书在版编目（CIP）数据

柿栽培新品种新技术 / 秦志华等编著. -- 济南：
山东科学技术出版社，2019.2
（农业科技扶贫实用技术丛书）
ISBN 978-7-5331-9749-0

Ⅰ.①柿… Ⅱ.①秦… Ⅲ.①柿—果树园艺 Ⅳ.
①S665.2

中国版本图书馆 CIP 数据核字(2019)第 011551 号

柿栽培新品种新技术
SHI ZAIPEI XIN PINZHONG XIN JISHU

责任编辑：周建辉
装帧设计：魏　然　孙非羽

主管单位：山东出版传媒股份有限公司
出 版 者：山东科学技术出版社
　　　　　地址：济南市市中区英雄山路 189 号
　　　　　邮编：250002　电话：(0531) 82098088
　　　　　网址：www.lkj.com.cn
　　　　　电子邮件：sdkj@sdpress.com.cn
发 行 者：山东科学技术出版社
　　　　　地址：济南市市中区英雄山路 189 号
　　　　　邮编：250002　电话：(0531) 82098071
印 刷 者：山东联志智能印刷有限公司
　　　　　地址：山东省济南市历城区郭店街道相公庄
　　　　　　　　村文化产业园 2 号厂房
　　　　　邮编：250100　电话：(0531) 88812798

规格：大 32 开(140mm×203mm)
印张：3.75　字数：72 千　印数：1～3000
版次：2019 年 2 月第 1 版　2019 年 2 月第 1 次印刷
定价：12.00 元

前　言

　　坚持农业农村优先发展，实施乡村振兴战略，坚决打赢脱贫攻坚战，是党的十九大提出的战略要求。2018年是全面贯彻党的十九大精神和习近平新时代中国特色社会主义思想的开局之年，也是山东省基本完成脱贫任务、全面建成小康社会的关键一年。要达成既定的脱贫目标，加快建设现代农业，必须紧紧围绕新旧动能转换、推进农业供给侧结构性改革这条主线，因地制宜，大力发展特色产业，提高农业质量效益和竞争力。

　　果树产业是兼备经济、生态和社会效益的优势特色产业，在农村经济发展、农民增收和社会主义新农村建设中发挥着重要作用，对经济欠发达地区的经济发展也具有不可替代的作用，而且积极推动了生态环境建设，日益发挥出其休闲服务及景观功能。山东省素有"北方落叶果树王国"之美誉,果树产业是我省优势特色产业之一,但目前存在品种结构不尽合理、栽培管理技术落后、果品品质下降、生产成本上升、总体经济效益降低诸多问题。

为加快果树新品种新技术的引进推广,助力新旧动能转换,提升果树产业扶贫脱贫的效果,山东省果树研究所组织有关专家编写了这套《农业科技扶贫实用技术丛书》。本丛书涉及的树种较多,基本涵盖了山东省当前栽培的大部分果树树种,重点介绍了果树主栽新品种与新技术,技术性、实用性较强。

相信本丛书的出版对山东省果树产业可持续发展和农村科技扶贫将起到重要的推动作用。

编　者

目　　录

一 概 述

柿树适应性强,栽培管理容易,寿命长,产量高,果实色泽艳丽、甘甜多汁、营养丰富。不论是在平地、山地,还是在盐碱地、土质瘠薄地都能种植,生长良好。尤其是耐盐碱力较强,是海滩开发种植的主要树种之一。柿树在一般栽培管理条件下,二三十年生树一年可结果 100～200 千克,四五十年生树年产量可达 400～500 千克。在柿树主产区,到处可见一二百年生的大树仍果实累累,如山东菏泽柿产区至今还有五百年生的老树。

柿果含有可溶性固形物 10％～22％,每 100 克鲜果中约含蛋白质 0.7 克、碳水化合物 11 克、钙 10 毫克、磷 19 毫克、铁 0.2 毫克、维生素 A 0.16 毫克、维生素 B 0.2 毫克、维生素 C 16 毫克。柿果主要用于鲜食,销量较大的有中国、日本、菲律宾、朝鲜、新加坡、马来西亚、印度尼西亚等国家。我国自明代后把柿作为"木本粮食",现今仍把柿果作为时令果品而广泛栽培。

柿果除了鲜食外,还可加工成柿饼、柿酱、柿干、柿糖、柿汁、果冻、果丹皮、柿酒、柿醋、柿霜等。我国柿产区自古以来就有用柿果加面粉制作摆饼的传统做法,用烘柿和柿饼制作的食品一直深受人民群众喜爱。由此看来,柿树是有价值的木本粮食果树。

除我国外,世界其他国家栽培的柿树较少,年产鲜柿果仅 100 万吨左右。在亚洲除中国外,日本栽培较多,年产量34 万吨;韩国、印度、菲律宾等国也有少量栽培。欧洲栽培在地中海沿岸,意大利栽培柿树较多。美国南部、南非的纳塔耳和德兰士瓦、北非的阿尔及利亚等地也有零星栽培。

二 优良品种

我国柿品种繁多，据全国各地调查有1 000个左右。生产上一般可分为两大类，一是甜柿类，柿果在树上能自身脱涩，可供鲜食用；二是涩柿类，柿果在树上不能自身脱涩，此类又可分为硬食用、软食用、制饼用及兼用4种。

（一）甜柿类

1. 西村早生

系富有和赤柿偶发实生，为不完全甜柿。有雄花，但花粉少，可用赤柿作授粉树。果实扁圆形，果顶广圆稍尖，未脱涩的果实广平，果梗短粗，较抗风。单果重180～200克，最大果重225克。果皮橙红色，有光泽，果肉黄橙色，肉质粗而脆，褐斑大。种子有4粒以上才能完全脱涩。果实成熟期在8月下旬至9月上旬，是甜柿栽培品种中成熟期最早的。丰产，应防止结果过多，以免引起大小年。

2. 上西早生

系从松本早生中选出的变异单株，1989年引入我国，为早熟完全甜柿。全株仅有雌花，可用赤柿作授粉树。无授粉品种时，落果严重。果形似富有，单果重250～320克。

果实扁圆形,果顶广圆,果面红色,果粉多。果肉橙黄色,褐斑小而稀少,肉质致密,种子少,品质极佳。9月中下旬果实成熟。结果年龄早,丰产稳产,与君迁子嫁接亲和力强。

3. 早秋

杂交亲本为伊豆和109-27,为完全甜柿。单性结实力差,需配置授粉树。果实大,扁圆形,橙红色。单果平均重250克,最大果重280克,大小较整齐。果皮浓橙红色,果肉橙红色,味极甜,肉质酥脆致密,果汁多。无肉球,褐斑极少,无涩味,蒂隙无,污损果率极低,种子3~4粒。果顶裂果极少,汁液多,味浓甜,可溶性固形物18%左右。9月中下旬果实成熟。

4. 鄂柿1号

原产湖北省罗田县,是我国原产甜柿品种,又名秋焰、阴阳柿,为完全甜柿,2004年通过湖北省农作物品种审定委员会审定。果实扁圆形,平均单果重180克,种子0~2粒,可溶性固形物19.7%左右,果面橙黄色,阳面橙红,具有蜡粉。雌雄同株,有少量雄花,单性结实能力强。果实10月上中旬成熟。与君迁子嫁接亲和力强。

5. 阳丰

亲本为富有和次郎,为完全甜柿,1991年引入我国。雌花量大,无雄花,果实大,扁圆形。平均单果重188克,最大单果重240克,果皮浓橙红色。果顶广平,果肩圆,无棱状突起,无缢痕,果实横断面圆形。果肉橙红色,黑斑小而少,肉质松脆,较硬,可溶性固形物 20%左右。种子 2～4 粒。10 月中旬果实成熟。与君迁子嫁接亲和力强。结果年龄早,丰产,定植后二年即可结果。

6. 夕红

亲本为松本早生富有和(次郎×晚御所),为完全甜柿,于 2000 年在日本进行品种登录。树势中等偏弱,树姿半开张,单性结果力强,种子少,早期少量生理落果。果实扁圆形,平均单果重 200 克,最大单果重 250 克。果皮浓红色,果肉褐斑少,无肉球,肉质细、脆,果肉汁多味甜,可溶性固形物 20%左右。10 月中旬果实成熟。

7. 罗田甜柿

产于我国湖北、河南、安徽交界的大别山区,湖北罗田及麻城部分地区栽培最多。树势强健,树姿较直立,树冠呈圆头形。枝条粗壮,一年生枝呈棕红色。叶大,阔心形,深绿色。果个中等,平均单果重 100 克,扁圆形。果皮粗糙,橙红色。果顶广平微凹,无纵沟,无缢痕。肉质细密,初无褐斑,熟后果顶有紫红色小点。味甜,含糖量 19%～21%,核较多,品质中上。在罗田 10 月上中旬成熟,但成熟期有早、中、晚三类,每类采收期相隔 10 天。该品种着色后可直接食用,较稳产、高产,且寿命长,耐湿热,耐干旱。果实最宜鲜食,也可制柿饼、柿片等。唯果小、核多是其不足之处。

8. 富有

原产于日本岐阜,树势较健旺,树姿开张。枝条粗壮,叶大,微向上折。果大,单果重 250～350 克,扁圆形;果皮坚硬且光滑,橙红色,果粉厚;肉质致密,柔软多汁,香味浓,味甘甜,有极少核,品质优。一般在 10 月下旬采收,到 11 月上旬才完全成熟。该品种结果早,丰产性好,大小年不明显,采收期也较长。果实最宜鲜食,耐贮藏,商品价值高。因无雄花,单性结实力弱,需配植授粉树或进行人工授粉。没有经过授粉的果树也能结实,但果实没有种子,易落果。对君迁子砧木不亲和,对栽培管理技术要求严格。

9. 松本早生富有

松本早生富有由日本京都府从富有的芽变中选出,为优良的较大果型早熟品种。树姿直立稍开张,树势中强。叶椭圆形,嫩叶淡黄绿色,落叶褐色。果实扁圆形,果皮较粗厚,橙朱色。果肉褐斑少,肉质松脆,可溶性固形物 15%～16%,种子数 1～2 个,品质中上,平均单果重 200 克。在日本原产地 10 月中下旬成熟,在山东 10 月上旬成熟。抗寒性比富有稍强。

10. 次朗

原产于日本,我国河南与安徽交界的大别山区、湖北罗田和麻城栽培最多,浙江杭州、黄岩一带以及福建等地也有少量栽培。树势强壮、枝梢粗大,枝条直立性强,且短而密。因其叶片色淡,嫩叶较黄,极易与其他品种区分。果个大,平均单果重 270 克,果扁圆形;果面有 8 条纵向的凹线,其中 4 条略突出;果皮初为淡橙黄色,成熟后呈橘红色,有光泽,果粉厚,褐斑少;果肉淡黄微带红色,肉质致密且脆,味极甜,柔软多汁、少核,品质上等,可与富有相媲美。有的果实顶部粗糙易开裂。10月下旬至11月上旬成熟。该品种丰产性强,可连年结果,大小年不明显。稳产性好,抗炭疽病,易裂果。无雄花,需要混栽授粉树或进行人工授粉。

11. 前川次郎

次郎芽变种,1988年引入我国。果实方圆形,果顶广平,果皮比次郎光滑,而且有光泽,果面橙红色,果粉多,果顶较次郎不易开裂。果实比次郎大,单果重200克左右,最大果重268克。10月上中旬果实成熟,比次郎早7～10天。品质较次郎好,在日本部分地区取代了次郎。

12. 一木系次郎

一木系次郎是日本静冈县从次郎的芽变中选出的,为优良的大果型中熟品种,1988年引入我国,在陕西、浙江等地有少量栽培。树体中等,树姿直立,落叶紫红色。单果重200克左右,果形扁方圆形,橙朱色,褐斑微细,可溶性固形物17%左右,品质上等。在山东10月中下旬采收。该品种抗病性强,且有矮化倾向,适宜庭院栽培,以有机质含量高的肥沃土壤栽培为宜。

13. 若杉系次郎

若杉系次郎是次郎的芽变种,为大果型中熟品种。树体中等,树姿直立,树势较强,嫩叶淡黄绿色,落叶红色。单果重260克左右。果实扁方圆形,橙朱色,果肉褐斑细,可溶性固形物 17%左右,品质中等。

14.骏河

原产于日本农林水产省果树试验场安芸津支场,为晚熟品种,由花御所和晚御所杂交选育而成。树体高大,树姿开张,树势强。嫩叶深绿色,落叶紫红色。叶大,卵圆形,浓绿色,稍有光泽。单果重 230～250 克,扁圆形,略具五棱,蒂部凹陷,周边有明显皱皮。果皮橙红色,肉质致密,褐斑细少,多汁,柔软,甜味强,可溶性固形物 17%左右。品质极佳,种子数 2～3 个。在日本原产地 11 月中下旬成熟,采收期长。单性结实能力强,大小年结果现象少。宜在温暖地区栽植,耐贮运,在气温较低的地区栽培时,果实常有轻度涩味。

15.伊豆

从日本晚御所的实生树与富有杂交的后代中选育出的早生新品种,我国河南与安徽交界处的大别山区及湖北的罗田、麻城有栽培,浙江、福建等地也有少量栽培。树势较弱,枝梢的抽生能力也稍差,栽植距离以 5 米×3 米为宜。果个中等,平均单果重 200 克。果实扁圆形,果皮橙红色。肉质致密,柔软多汁,有香味,味极甜,核较少,品质上等。9 月下旬成熟。该品种果皮极易污染,只宜鲜食,不宜加工。无雄花,栽培时需要配植授粉树。

16.禅寺九

从日本引入,树冠小。果实长筒形,果顶微凹,果面橙红色,果粉较多。果肉具有密集的大褐斑,肉质脆甜,品质中等。种子较多,半脱涩品种。10月下旬果实成熟,需要人工脱涩处理。该品种雄花多,宜作为甜柿授粉品种。

17. 大秋

大果型完全甜柿品种,具有肉质脆而不硬、果汁多的特点。单果重400克左右,约为富有的1.5倍。果顶部容易产生条纹和同心圆状的微小龟裂,外观较差,而产生条纹的部位与其他部位相比糖度高2%～3%。易着生雄花,雌花着生有时偏少。为确保产量,需增加雌花着生数量。

18. 新秋

日本农林水产省果树试验场于1971年用兴津20号作母本、兴津1号作父本杂交选育而成。该品种平均单果重240克,果实扁圆形,无线沟和侧沟,果皮橙黄色,光泽好,褐斑少,肉致密,可溶性固形物含量为17%～18%,单果种子数2～4个。污染果发生多,果顶易裂,耐贮性好。该品种树冠半开张,树势中庸,发枝力强,枝梢稍粗,新梢黄褐色,皮孔圆形、中等大、分布密,发育枝短,形成的树冠小。幼叶呈绿色,成叶长椭圆形,叶柄短。生理落果少,丰产,抗病性强,花期一般在5月底,果实于10月中下旬成熟。

19. 花御所

原产于日本鸟取县,为晚熟品种,1989年引入我国。树体高大,树势强,枝条细短密生,发芽稍晚,但比富有早。嫩叶绿带银灰色,落叶紫红色。随着树龄增加,着生较多的雄花。进入结果期晚,有隔年结果现象。种子形成力及单性结实力中等,产量不稳定。单果重200克左右,果实整齐,高桩馒头形,朱红色。果肉无褐斑,肉质致密,多汁,味浓甜,可溶性固形物17%左右,品质极好。

20.裂御所

原产于日本岐阜县,为晚熟品种,是杂交育种的优良亲本。树体高大,树姿直立,树势较强。嫩叶绿带银灰色,落叶红色。单果重250～300克,果实近球形,黄橙色,可溶性固形物16%左右。品质上等,种子数1～2个。

21.晚御所

原产于日本岐阜县,为晚熟品种,是杂交育种的优良亲本。树体矮小,树姿开张,树势较弱。嫩叶绿带褐色,落叶绿色。单果重180克左右,果实扁球形,橙红色,果肉褐斑微细,可溶性固形物15%～16%,品质上等,种子数2～3个。

22.藤原御所

原产于日本奈良,为晚熟品种,是杂交育种的优良亲本。树体中等,树枝下垂,树势弱。嫩叶绿带赤褐色,落叶绿色。单果重200克左右。果实高桩馒头形,橙朱色,可溶性固形物18%左右。品质极好,种子数1～2个。

23.天神御所

原产日本岐阜天神,为晚熟品种,与富有同时引入我国。树体类似富有,树势较强,枝梢稍细,斑点密,单果重

240克左右。果实短钝尖圆形,中部丰肥,近顶点较瘦细,蒂洼浅。果面红色,浓而有光泽,很艳丽。果肉淡黄赤色,几乎无褐斑,柔软致密,汁少而甘味浓,品质上等。种子1~2个,亦有完全无核者。成熟期稍晚。在寒冷地区引种栽培,果实不能完全脱涩。

24. 帝

特大果型晚熟品种,1988年日本农林水产省赠送给我国林业部、中国林业科学院亚热带林业研究所。树体高大,树势中庸。嫩叶鲜绿色,落叶绿色。单果重400克左右,果形较扁圆,橙色,褐斑微细,可溶性固形物12%~13%,品质中等。

25. 赤柿

原产日本京都,始花期比富有早,终花期与富有基本一致,是很有价值的授粉树,1987年引入我国。树体较矮,树姿开张,树势较弱。嫩叶绿带银灰色。单果重140~200克。果实扁圆,深红色,褐斑密,外观美,在国家资源圃9月上旬成熟,可溶性固形物15%左右,品质下等。种子数6~7个,为极早熟品种。该品种的雄花着生在较短的枝条上,故冬季修剪时与富有不同,应多保留较短的枝条。

26. 正月

原产日本福冈,为极大果型晚熟品种。树体高大,树姿直立,树势中庸,落叶紫色。单果重240克左右,果圆形,橙黄色,褐斑粗密,可溶性固形物 16％～17％,品质中下,种子数 6～7 个。在日本原产地 11 月下旬至 12 月上旬成熟,树上挂果可延长到 12 月中下旬。适于我国南方栽培,兼用作授粉树。

27. 东洋一

原产日本新县,又称黑东洋,为中熟品种。树体高大,树姿直立,树势较强,嫩叶绿带褐色,落叶深红色。单果重 170 克左右,果圆形,黄橙色,褐斑量中,果肉黑褐色,可溶性固形物 15％～16％,品质中上,种子 6～7 个。

28. 甘百目

原产日本关东地区,为中熟品种。树体高大,树姿开张,树势较强。单果重 260 克左右,果实圆球形或椭圆形,果顶微凹,浅橙色,褐斑粗多,可溶性固形物 20％～22％。品质中上,种子数 4～5 个。

29. 兴津 20

幼树树姿直立,成树渐开张,落叶红色。果实橙黄色,果面不干净,有裂纹,单果重 200 克左右,味甜,软化快,属于早熟品种。宜作庭院绿化树种栽植。

30. 兴津 24

兴津 24 是由河北省石家庄市林业局自日本新引进的甜柿品种。单果重 200 克左右,果实扁圆形,10 月上旬成熟,色泽艳丽,果肉脆、致密、多汁、味甘,耐贮运,丰产性好。

(二)涩柿类

1.树梢红

原产于河南洛阳,树势中等,树姿开张。树冠呈圆头形,树干浅灰褐色,裂纹细碎,较光滑。叶较小,椭圆形,先端急尖,基部楔形,叶色浓绿,有光泽,叶背有少量茸毛,叶柄中长。花小,只有雌花。结果枝着生在结果母枝第一至第六节上,果实在树冠内分布均匀。生理落果少,产量稳定。果大,扁方形,平均单果重 150 克,最大 210 克,果实大小整齐。果皮光滑细腻,橙红色。果蒂绿色、深凹。果肉橙红色,纤维少,无褐斑,味甜汁多,少核或无核,品质上等。8 月中旬成熟,易脱涩。该品种具有极早熟、较丰产稳产等优良特性,特别是成熟极早,可提早上市,能增加一定的经济效益,是一个很有发展前途的优良品种。但其耐贮性差,应注意分期采收或冷冻贮藏,以延长市场供应期。

2.磨盘柿

又名腰带柿、盒柿等,在河北省太行山北段及燕山南部分布最多,我国南北地区均有分布。该品种树势强健,树冠高大,层次较明显,中心主干直立,向上生长力强,枝条稀疏且粗壮。果个大,单果重 250～260 克,扁圆形。果皮橙红色,果肉淡黄色,肉细多汁、味甜,纤维少,无核,品质上等,可供鲜食用,耐贮运。该品种适应性强,喜深厚肥沃的土壤,产量中等,大小年明显。抗风性较差,宜栽于背风向阳处,抗寒耐旱。

3. 水板柿

原产于河南省洛阳市新安县,树冠圆头形,半开张,树干灰白色,裂皮宽大。叶片呈倒卵形,先端急尖,基部锐尖,叶背茸毛多,叶柄长。结果部位在结果枝第三至第五节,果实在树冠内分布均匀,自然落果少。果实极大,平均单果重300克,最大315克,果扁方形,大小均匀;果皮细腻,橙黄色;果柄粗,中长;果蒂绿色,蒂洼浅,蒂座圆形;果肉橙红色,风味浓、味甜,汁多,种子1～3粒,品质上等,10月中旬成熟。该品种具有较强的抗旱、抗病虫等抗逆性和丰产稳产的特点,是一个较有发展前途的优良品种。果实极易脱涩,自然放置3～5天便可食用,软后皮不皱,用温水浸泡1天果实便完全脱涩。

4. 荥阳八月黄柿

该品种是河南荥阳柿产区栽培最多的品种,植株中等高,树冠呈圆形或伞形,枝条较密,柔软下垂。叶片大,广卵圆形,表面多皱褶,呈墨绿色。果实中等大小,平均单果重150克,近圆柱形,橙红色,顶端色深,具有6～8条明显的沟纹。薄片直立状,靠近薄片处具有隆起状肉质圈或片状垫状物。果实10月上旬成熟,脱涩后食用脆甜,无籽,品质上等。除了硬食外,也可软食。

5. 火罐柿

原产于河南荥田,是栽培较为普遍的优良软食品种,果实10月上中旬成熟。植株高大,枝条稀疏,直立性强,树冠呈狭圆锥形或圆头形。叶片中等大小,椭圆形,基部尖,横向上翻。果实小,平均单果重 50 克,圆形,果顶圆整,果基平,萼片薄而大、平展。果皮薄,火红色,具有灰白色果粉。常于落叶后果实仍悬挂枝头,十分美丽。果肉软化后呈红色,细软多汁,味极甜,可剥皮食用,一般无籽或少籽,品质上等。该品种适应性强,抗病力也强,丰产稳产。

6. 摘家烘

原产于河南洛阳市郊土桥沟、孙旗屯、五龙沟等地。树势强健,树冠呈圆形,主枝平缓开展,新梢有光泽,褐红色。叶片大,深绿色。果实略方圆形,具有 4 棱或 5 棱,果皮橙红色。平均单果重 175 克,肉质绵而多汁,味极甜,无核或少核,品质上等。以软食供应市场,消费者极为喜爱。果实 9 月上旬成熟,是当地软食用柿的优良品种。

7. 眉县牛心柿

主产于陕西省眉县、周至、彬县、扶风一带,又叫水柿。树冠圆头形,枝条稀疏;主干呈褐色,上有粗糙裂纹。叶大,呈卵圆形,先端急尖,基部圆形,表面有光泽。果大,平均单果重 240 克,果实方心形;果顶广尖,有十字状线沟,基部稍方;蒂洼浅,果柄短稍粗;果面纵沟浅或无;果面及果肉均为橙红色,皮薄易破,肉质细软,纤维少,汁多,味甜,无核,品质上等,10 月中下旬成熟。树势强健,连年丰产,抗风耐涝,病虫少,适应性强,坡地、滩地及涝地均可栽植,适合软食或脱涩后硬食。但皮薄汁多,不耐贮运。

8. 临潼太晶柿

主产于陕西临潼地区,在当地 10 月上中旬果实成熟。果实小,单果重 30～50 克,圆球形,果皮橙红色至鲜红色,果粉多,果肉软化后味极甜,无种子,品质上等。果实耐贮藏性强,专供软食用。

9. 博爱八月黄

该品种分布于河南省博爱县及其附近地区,树姿开张,树冠圆头形。叶椭圆形,新梢棕褐色。果实中等大小,平均单果重 140 克,近扁方圆形,皮橙红色,果粉较多,果梗短粗,萼片向上反卷,果蒂大。果肉橙黄色,肉质细密,脆甜,汁少,无核,品质上等。10 月下旬成熟,大小年结果现象不明显。该品种高产、稳产,树体健旺,寿命长。柿果鲜食,也易加工,最宜制饼。加工柿饼,不仅出饼率高,且肉多、霜白、霜多、味正甘甜,品质佳,以"清化柿饼"闻名于省内外。唯一不足之处是其果近扁方圆形,不易加工削皮。

10. 镜面柿

产于山东菏泽,树姿开张,树冠呈圆头形,植株生长较旺盛。果个中等,单果重 130～150 克,扁圆形。果皮薄而光滑,橙红色,横断面略高。肉质松脆,味香甜,汁多、无核。根据成熟期可分为三个类型:早熟型(9 月中旬),如八月黄,该品种肉质松脆,以鲜食为主;中熟型(10 月上旬),如大二糙;晚熟型(10 月中下旬),如九月青。大二糙、九月青这两个品种以制饼为主,柿饼肉质细、味甜、透亮,以"曹州耿饼"

而闻名。该品种喜肥沃的沙壤土,抗旱,耐涝,不耐寒,抗逆性较差,对病虫害的抵抗能力差,病虫害较多,丰产性好。

11. 富平尖柿

主要分布在陕西省富平县。树冠圆头形,树势健壮。枝条稀疏,干皮灰黑色,裂纹粗。叶片椭圆形,先端钝尖,腰部宽楔形,叶缘略呈波状,两侧微向内折,色绿而有光泽。按果形可分为升底尖柿和辣角尖柿两种,果个中等,平均单果重155克,长椭圆形,大小较一致。皮橙黄色,果粉中多,无纵沟,果顶尖,果基凹,有皱折。蒂大,圆形,向上反卷,果柄粗长。果肉橙黄色,肉质致密,纤维少,汁液多,味极甜,无核或少核,品质上等,10月下旬成熟。该品种宜制饼,加工的"合儿饼"具有个大、霜白、底亮、质润、味香甜五大特色,深受国内外市场欢迎。

12. 绵柿

集中产于河北涉县、武安、沙河、内丘等地。幼树树姿较直立,结果后渐开张,呈自然半圆形,易形成结果枝,坐果率较高,稍有大小年现象。果个中等,平均单果重140克,最大可达150克。果短圆形,果皮薄,橘红色。果肉水少而质地绵软,纤维少,含糖量23%～25%,味甜、无核、品质优,10月中下旬成熟。该品种适应性强,产量中等,成花成果容易,抗旱,耐涝,不抗柿炭疽病,适宜加工制饼,耐贮运。

13. 小萼子

主要在山东省临朐县栽培,又名牛心柿。树冠圆头形,树姿开张,枝条稠密、多弯曲。果个中等,平均单果重100克,果实心脏形。果皮橙红色,无纵沟。果顶尖圆,肩部圆形。蒂小,萼片呈直角卷起,故称"小萼子"。肉质细,橙黄色,汁液多,味甜,可溶性固形物含量19%左右,纤维少,多数无核,品质上等,10月中下旬成熟。该品种树势强健,耐瘠薄,丰产性好,无大小年现象。果实最宜制饼,出饼率高。

14. 荥阳水柿

主要在河南省荥阳市栽培。植株高大,树姿水平开张,树冠呈自然半圆形。枝条稠密,叶片大,呈广椭圆形。果个中等,平均单果重115克。果形不一致,有圆形和方圆形,多为圆形,基部略方,顶端平。果皮橙黄色,纵沟极浅,无缢痕,皮细而微显网状。蒂凸起,萼片心形,向上反卷。果肉橙黄色,味甜,汁多,多数无核,品质上等,10月中旬成熟。该品种适应性强,对土壤条件要求不高,树势强健,抗病能力强,极为丰产。果实最宜制饼。

15. 水柿

主要产于广西恭城、平乐、荔浦及广东番禺等地。单果重100~120克,扁圆形,顶端微下凹,具有4条沟纹,萼片反卷。果实成熟时呈橙黄色,过熟变为鲜红色,有果粉。果肉橙黄色,制成柿饼后味极甜,品质上等。该品种是广西制饼的主要优良品种。

16. 安溪油柿

产于福建省安溪县。树势中庸,树姿较开张。枝条稀疏,叶片广椭圆形。果实大,平均单果重 280 克,呈稍高的扁圆形。果皮橙红色,柿蒂方形,微凸起。肉质柔软而细,纤维少,汁液多,味甜,品质上等。该品种鲜食、制饼均优,柿饼红亮油光,品质佳。

17. 橘蜜柿

在山西省西南部和陕西省关中东部栽培最多,又名早柿、八月红、梨儿柿、水柿、水沙红。树冠呈圆头形,叶小。果实小,平均单果重 70 克,扁圆形,皮橘红色,以形如橘、甜如蜜而得名。果肩常有断续的缢痕,呈花瓣状,无纵沟,果粉较厚。果肉橙红色,常有黑色粒状斑点,肉质松脆,味甜爽口,无核,品质上等,10 月上旬成熟。该品种适应性强,抗寒性强,坐果率也较高,丰产、稳产性好。树体寿命长,果实用途广,可以鲜食,也可制饼,制饼所需时间极短。

18. 大萼子

产于山东省青州市等地。树势强健,树姿开张,树冠圆头形。新梢紫褐色,皮孔大而稀疏。叶片椭圆形,浅绿色,蜡质较少。结果部位在三至七年生枝段,以顶梢结果为主,侧梢结果少,每枝于中部坐果 1～2 个。果实中等大小,呈矮圆头形,平均单果重 120 克,最大果重 145 克;顶端尖圆,果尖凹陷,果面光滑,橙红色;果顶具有 4 条纵沟,呈十字形交叉;蒂大,萼洼中深,萼片呈直角反卷。果肉橙黄色,肉质松脆,汁多味甜,脱涩后质地极柔软,无核,品质极佳,10 月下旬成熟。该品种适应性强,耐旱,极为丰产。其饼制品色鲜、霜厚、柔软、味正、久存不干,以"青州吊饼"而驰名中外。

19. 元宵柿

产于广东潮阳和福建诏安一带。树体高大,果个大,平均单果重 200 克,最大单果重可达 320 克,因鲜果能贮存至元宵节而得名。果实略高、近扁方形,横断面略圆。皮橙黄色,纵沟不明显,有黑色线状锈纹。蒂洼深,萼小,卷曲向上。肉质细软,味浓甜,品质上等,10 月下旬采收。该品种最适宜制饼,也可鲜食,较高产、稳产,成熟晚且采收期长。

20. 洛阳牛心柿

产于河南洛阳等地。树势强健,树姿开张,树冠呈馒头形,新梢粗壮、黑红色,叶片长椭圆形,果实呈牛心形。单果重 150～200 克,果皮橙红色。果肉汁多,质绵,无核或少核,味浓甜,品质上等。果实在洛阳于 10 月上中旬成熟,丰产,抗病虫能力强,硬食、软食及制饼均可,最适宜加工柿饼。柿饼外形美观,肉红,柿霜极白,味道极佳。

21. 圆冠红

产于河南洛阳,是当地有名的特产水果之一。树势中庸,树姿半开张,树冠圆锥形。叶片特大,阔卵圆形,叶色浓绿。果实扁心脏形,单果重 150～200 克,果皮橙红色,果顶凸尖,皮薄,果肉汁多,无核或少核,味极甜,品质上等。在河南洛阳于 8 月下旬果实开始成熟,软食、硬食均可,也可制作柿饼。该品种适应性强,抗病虫能力强,可以适量发展。

22. 金瓶柿

果实卵圆形,果顶渐圆而尖,果面无缢痕和纵沟。平均单果重153克,果蒂中心方圆形,萼洼浅广,萼片平展。果皮光滑,有光泽,淡黄色。果肉黄红色,肉质脆,汁多,味甜,可溶性固形物含量17.8%左右,无核或少核。脱涩容易,宜鲜食。

23. 平核无

果实扁圆形,果顶广平微凹,果面无缢痕和纵沟,平均单果重164克。果蒂方圆形,萼洼浅,萼片平展。果皮光滑,有光泽,橙黄色,软化后橙红或红色。果肉黄红色,无褐斑,肉质脆,汁多,味甜,可溶性固形物含量17.1%左右。无核,较耐贮藏,室内存放30天不变软。脱涩容易,宜鲜食或加工柿饼。

三 苗木繁育技术

全世界的柿属植物约有 190 种,主要分布在亚洲的热带和亚热带地区,尤其是东亚,在温带分布较少。我国是柿的原产地之一,拥有丰富的品种资源,《中国果树志·柿卷》记载的品种数达 963 个,适于做甜柿砧木的柿属植物主要有君迁子、野柿,还有浙江柿、火柿、老鸦柿、乌柿等。在我国北方,一般多用君迁子作砧木。

(一)砧木苗培育

柿树需嫁接繁殖,所用砧木苗主要有君迁子、实生柿等。我国北方多用君迁子作砧木,以此为例,简要介绍甜柿砧木苗的培育。

1. 选圃与整地

(1)选圃:圃地分永久性圃地和临时性圃地两种。永久性圃地由于长期在同一地块上育苗,需要有更为周密的育苗计划,以避免重茬,并提高土地利用率;临时性圃地即一次性育苗地,在两年左右的时间内育出成苗后便不再用于育苗。宜选择地势平坦、背风向阳、土层较厚、土壤较肥沃的壤土或沙壤土,无严重病虫害,灌水方便,排水良好的地块作圃地。

(2)整地:圃地要深耕细耙,施足底肥,或施入一些复合肥。墒情适宜时深耕,耕后随即耙地破碎土块。耙地后整成南北向的条状畦,畦长10~20米,宽1.0~1.5米。

2. 种子采收贮藏与催芽

(1)采收贮藏:当君迁子的果实变为黑褐色,95%的果实变软且有白霜时种子基本成熟,即可采收。为保证种子有较高的发芽率,在条件允许的情况下,可将采收期推迟至11月上旬。把成熟的果实采回后堆积软化,放入冷水中浸泡,洗去果肉,得到种子。若君迁子果实放置时间较久,变得干硬,可用60℃以下温水浸泡,待吸水变软后再进行揉搓,除去果肉,得到种子,然后把种子放在通风处阴干,贮藏于筐内或布袋内干藏。

(2)种子催芽:对于干藏的种子,可在翌年春季播种前用冷水或温水浸种催芽。①冷水浸种催芽。把种子放入缸或盆内,加冷水浸泡,每天换水一次,种子要完全没入水中。浸泡5~6天后把种子捞出,置于阴凉通风处。稍加风干即可适时播种。因为君迁子种子的胚乳为半纤维质,不易吸水膨胀,所以浸泡时间不可过短,否则将延长催芽时间。②温水浸种催芽。先把种子放入缸或盆内,然后倒入40℃的温水充分搅拌,浸泡1小时,再添加30℃温水,使种子完全浸于水中,浸泡24小时后捞出。再掺3~5倍的湿沙,摊于暖炕上,每天喷两次水,时间需10~15天。当种子有1/3

露白时即可播种。也可不混沙,把种子放入筐内,盖草袋,每天洒水即可。注意勿使种子发霉,待部分种子发芽后即可播种。浸泡种子的水温不可超过 60 ℃,否则将显著降低种子的发芽力。这是因为君迁子种子的种皮虽很厚,但其胚芽处薄弱,易损伤。

(3)湿沙层积贮藏:在土壤结冻前,选择地势较高、排水良好的地方挖沟或坑,深 60～80 厘米,宽、长依种子量而定。在沟或坑底垫 10 厘米厚的湿沙(沙的湿度以手握成团不滴水、松手后分成几块而不完全散开为标准)。将种子与 3～5 倍的湿沙混合均匀后放入沟或坑内,厚度以 40～60 厘米为宜。在沟或坑内插入几束草把以利于透气,上面再覆盖一层 10 厘米厚的湿沙,湿沙上面再覆盖 35 厘米厚的土堆。在贮藏沟的两侧设排水沟,以利于排除过多的雪水,翌年春季即可适时挖出播种。

3. 播种

春播或秋播均可,开沟条播,播种沟深 3～6 厘米,沟距 50 厘米,播后上面盖土厚约 2 厘米,并镇压,以利于保墒。播种量 150 千克/公顷(7 400 粒/千克左右,发芽率 85%),若种子发芽率高,可适当减少播种量。春播一般在 3 月下旬至 4 月上旬播种,如贮藏或催芽时温度较高,种子已发芽,可提前播种。为了延长苗木的生长期,可采用地膜覆盖育苗或阳畦营养钵育苗,待苗长出 2～3 片真叶后再移栽入苗圃地。秋播可不用沙藏,一般在 11 月中旬土壤结冻前将新采集的种子播下。秋播的种子在土壤内要注意防止鸟兽危害,一般在 4 月下旬即可萌芽出土,比春播早出苗 7～10 天。

4.播后管理

(1)间苗、定苗:待苗长出 2～3 片真叶时进行间苗,疏除过密苗、劣质苗、病苗。再过半个月左右进行定苗,使苗木株距保持在 10～15 厘米。如有缺苗,应进行补栽。补栽时机以苗木有 4～5 片叶为佳,在阴雨天或傍晚进行。定苗后,要立即浇小水一次,并及时浅耕。

(2)促发侧根:君迁子幼苗有 2～3 片真叶时移栽或用窄铲断根,可促发侧根。

(3)中耕除草:为防止草荒和土壤板结,应在雨后或浇水后及时适度中耕,深 3 厘米左右,以利于保墒透气,中耕的同时除去杂草。

(4)灌水施肥:幼苗生长初期和蹲苗 20 天后要浇一次水,土壤不太干旱一般不浇水。如雨水过多,当苗床过湿或积水时,易使苗木患病,应注意排水。

(5)苗木追肥:施肥可结合浇水进行,一般沟施,即在距苗根 5～8 厘米处开沟,把肥料施入沟内并覆土,一般施尿素 75～150 千克/公顷。在苗木生长后期可施入速效磷、钾肥,以促进苗木木质化。

(6)扭梢、摘心:为了促进苗木加粗生长,抑制高生长,在苗高 50 厘米左右时摘心。当苗高 60 厘米、苗干近地面 5

厘米处的粗度不足0.6厘米时,可在芽接前20天左右摘去嫩梢或扭梢,以提高砧木苗的当年嫁接率。但是摘心时间不宜过早,若过早摘心,易长出大量副梢,反而影响茎加粗生长。

(7)冬季防寒:当年生苗的枝条比较幼嫩,各组织器官发育不成熟,而且我国北方冬季低温、多风,易引起干旱而造成抽条或冻死。因此,在进行苗木管理时,应采取促进苗木木质化的措施。如在7月末8月初施入一些钾肥或进行根外追肥,促进苗木木质化。入冬前可采用埋土法防寒,即将苗木地上部分埋入土中,翌年"清明"前后扒开埋土以备嫁接。

5.甜柿高接砧木培育

在华北太行山区有许多散生的君迁子幼树,如要改接甜柿,可在嫁接前一年对枝条进行预处理。方法是锯除树冠或骨干枝,以刺激树体潜伏芽萌发大量枝条。在此基础上选择生长位置好的健壮枝条5个左右保留下来继续生长,其余全部除去。留下的枝条营养丰富,生长旺盛,要及时进行扭梢或打顶。同时,为培育好高接砧木,可根据枝条生长情况喷施0.3%的尿素溶液,或800倍的磷酸二氢钾,或500倍的惠满丰液,以促进枝条生长健壮,备作嫁接。

(二)嫁接

嫁接就是将两个植物的部分器官结合起来,使其成为一个整体,并成为一株植物继续生长下去。嫁接组合上面的部分通常形成树冠,称为接穗,下面的部分通常形成根系,叫砧木。接穗是枝条的称为枝接,接穗是一个芽片的称为芽接。在果树生产中,嫁接对保持优良品种的遗传特性、控制果树生长、使其矮化、改劣换优、提早结果、实现早期丰产、充分利用野生资源、挽救垂危果树品种,增强果树适应性、抗逆性等,均具有十分重要的意义。

嫁接方法主要有:

(1)"带木质部"芽接:甜柿带木质部芽接的优点是受单宁影响小,成活率高。一般在4月中下旬,当气温达到10~15℃时,即可进行嫁接。方法是:将砧木剪留30厘米左右,选择与砧木极度相似的接穗削取接芽。先在芽上方约1厘米处用芽接刀由浅入深向下削成约2.5厘米长的削面,再从芽下方约1厘米处向下斜切,与前刀口底部相交;在砧木上以同样的方法削切口,切口大小、形状与芽片相当,然后去掉切块,迅速将接芽插入砧木切口,使两者形成层对齐。为使伤口易愈合,接芽片的顶端砧木上要露0.1~0.2厘米的切面(露白)。如砧木稍粗,砧木切面比芽片宽,可对齐一面的形成层,砧木的短切面最好与接芽片的短削面吻合,使芽片正好嵌入其中,并立即用塑料条绑扎严紧,露出接芽,以免影响萌芽生长。嫁接后及时除去砧芽,一般进行2~3次。嫁接后40~50天,当接芽长到20厘米左右时,可逐步解除塑料条,不可解缚过早。管理正常时,当年苗生长可达1米以上,接口以上5~8厘米处直径达1厘米以上。

(2)"方块形"芽接：优点是接触面较大,容易成活。适宜的嫁接时间是 7 月下旬至 8 月下旬,接穗宜选用当年生枝条下部已木质化变为褐色部位健壮的芽枝。在芽的上下方用双刀片各横切一刀,使两刀片切口恰在芽的上下各 1 厘米处;再用单刀片在芽的左右各纵割一刀,深达木质部,使芽片宽约 1.5 厘米,取下接芽片含在口中。在砧木苗距离地面 30 厘米左右的光滑处,按接芽片大小同样切下一块表皮,迅速放上备好的接芽片,先使其上下和一侧对齐。如果接芽片宽度大于砧木切掉的方块宽度,可切去接芽片的多余部分。用塑料薄膜条从对齐的下边开始,由下而上绑缚,绑时应注意将芽露出。嫁接后 20 天解绑,不宜过早。双刀的制作:可用两把削铅笔刀(或手术刀片)和一块长 12 厘米、宽 2.1 厘米的木块,将小刀钉在木块两侧即可。

(3)"丁"字形芽接:"丁"字形芽接又叫"T"字形芽接,方法是:选用接穗中下部的饱满芽,在接穗上用芽接刀在芽上方 0.6 厘米处横切一刀,要深达木质部,在芽下方 1.4 厘米处向上斜削一刀,直到与上面的刀口相遇,从而取下盾形芽片。将芽片上的木质部去掉,把芽片含在口中以防氧化。在砧木苗距地面 30 厘米处选光滑部位切成"丁"字形切口,横切口要平,竖切口要直,长度与盾形芽片的长度相等。用刀尖将丁字口拨开一条缝,插入芽片,使芽片横切口与砧木横切口对齐,再用塑料薄膜条自下而上一圈压一圈将切口绑严,只露出芽及叶柄。半月后检查成活情况。

(4)腹接:腹接可以剪砧,也可以不剪砧,适用于较小的砧木。具体做法是:在砧木苗离地面约30厘米处的嫁接部位自上而下斜切一刀,也可以用锋利的剪枝剪斜向剪一刀,长3～4厘米,深达木质部的1/2。接穗削成长面3～4厘米、短面2.5～3.5厘米、一边厚一边薄的扁楔形,要求削面平直,将其插入砧木切口,厚边形成层与砧木的形成层对齐,这样可以夹得很紧,然后用塑料条捆绑好。腹接时若不剪砧,可待嫁接成活后再剪砧,这种方法可使砧木继续生长,不损失砧木,所以也可作为补充枝条的方法。

(5)嵌芽接:嵌芽接就是将接穗的芽片嵌在砧木上,是带木质部芽接方法的一种。在我国北方用君迁子苗木嫁接甜柿,从8月下旬至9月上旬均可进行。方法是:选当年生无病虫的枝条,选用其中下部饱满的母芽。用刀在接穗芽的下方约1厘米处,以30°角斜切入木质部,再在芽的上方约1厘米处向下斜切一刀至前一刀的底部,取下盾形芽片。砧木的斜切口比芽片稍长为宜,将芽片嵌入砧木切口,对齐形成层。注意芽片上端必须露出一线砧木皮层,最后用塑料薄膜条绑紧。嫁接当年接芽不萌发,第二年春季检查成活情况,成活植株及时剪砧,以利于接芽萌发。剪砧后会产生大量萌芽,一定要及早抹除,确保接芽苗壮成长。当新梢长到40厘米左右时,应贴近砧木立一支棍,将新梢绑在棍上,以防风折。

(6)插皮接:插皮接又叫皮下接,此法操作简便,接穗与砧木接触面积大,是春季枝接甜柿中最容易掌握、成活率高的一种方法,一般砧木直径在 1 厘米以上即可采用这种方法。嫁接时,先在砧木苗离地面 30 厘米左右处,选光滑无疤处剪断或用锯锯断,再用刀削平断面,清除碎木屑、树皮等杂物。如砧木表皮粗厚,要用利刀刮去,然后嫁接。用蜡封的接穗,每个接穗留 2~3 个芽,用利刀向下斜切成长 4~5 厘米的削面,削面中间厚度为接穗直径的 2/5。在削面两侧轻轻削两刀,削去约 0.1 厘米的表皮层,要露出形成层。削面的背面再削一短削面,呈楔状,顶端 1~2 个芽,要留在两侧,不留外芽。在砧木截断面光滑处,竖向垂直划开皮层,再用干净的木签或竹签将砧木皮挑开,插入皮层与木质部之间,深达接穗削面的 1/2~2/3,然后拔出,迅速将已削好的接穗长削面朝里插入,露白 0.5 厘米左右。如果砧木直径在 4 厘米以上,可接 2 个接穗。用塑料带将嫁接部位绑紧实,使双方形成层密切相接。保证愈合良好,且不出现疙瘩,是提高嫁接成活率和生长良好的关键。

(7)劈接:劈接是一种古老且生产上常用的嫁接方法。具体做法是:先剪断砧木,并削平剪口,再在砧木中间劈一垂直的劈口,通常用劈接刀并用木楔往下敲形成劈口。将蜡封的接穗削成楔形,外侧略厚于内侧。如果砧木较粗夹力太大,可以内外厚度一致,或者内侧稍厚,以防夹伤外侧的接合面。接穗一般削成长 4~5 厘米的两个削面,削面要平,角度要合适,每个接穗留 2~4 个芽。插两个接穗时,顶芽留在外侧,以免发芽后枝条交叉。接穗削好后,将接穗插入砧木劈口的一边,双方的形成层对准,最好接穗左右两个削面的形成层都能与砧木的形成层对齐,如果不能两边都对齐。必须一边对齐。注意不要把接穗全部伤口都插入劈口,要露白 0.3 厘米左右,以利于伤口愈合。如果把接穗的伤口全部插入,一是上下形成层不易对准,二是愈合面都在劈口以下,成活后容易使接穗从劈口中突起,产生一个疙瘩,使之愈合不良,影响寿命。嫁接(嵌合)好后,用塑料带捆绑接口处,方法要求与前者相同。

(8)甜柿高接:甜柿高接常用于大龄柿树改接甜柿或大龄君迁子嫁接甜柿。高接一般在砧树的主干与主枝上进行。在主干上嫁接时,接口一般选在离地面 70 厘米以上。甜柿高接时,首先按照砧穗亲和力强的要求,选择适宜的砧树和适宜的甜柿品种,在此前提下,注意选择生长健壮、丰产、稳产及果实品质优良的母树,采集一年生生长健壮、芽体饱满、无病虫害的营养枝作接穗。嫁接以春季枝接为主,晴天较好,阴雨天嫁接的成活率较低。六年生以上的大龄砧树,骨干枝已基本形成,高接前要对砧树进行清理,具体做法是:疏除密挤、轮生的大枝,留出主枝,做好树形,使树体通风透光,并在嫁接前 10 天浇一次透水。嫁接时,在主枝上选一光滑处锯断,锯口要用利刀削平,不要使锯口劈裂。可采用插皮接、单芽劈接、腹接等方法嫁接。选择嫁接部位时,以不过分缩小树冠、嫁接后能迅速恢复为好。树冠较大的砧树,要采取多头高接,接口砧木径粗以 2 厘米左右为好。嫁接时动作准确、速度快,这是保证成活的重要因素。嫁接成活后要及时除去砧木上的萌蘖,待新梢长到 30 厘米左右时设支柱,防止从接口劈折。以后及时摘心,促发新枝,扩大树冠,防止徒长。

(三)嫁接成活后的管理

1. 剪砧与解绑

对芽接苗、腹接苗等,在嫁接成活后,要在接芽上方 1 厘米处将砧木剪断,并解绑,以促进接穗芽萌发。嫁接较晚的芽接苗,翌年春再剪砧;在柿树旺长后期嫁接的芽接苗,要及时检查成活情况,成活苗要剪砧、解绑。春季嫁接的腹接苗,解绑可稍晚一些,新梢长 10～15 厘米时进行为宜。低位嫁接的切接苗、劈接苗、插皮接苗萌发后,选留其中方向、位置好的让其继续生长,其余枝条抹除。愈伤组织愈合牢固后,解除绑扎物,以利于加粗生长。要逐步解除捆绑物,方法是:待接芽萌动、长出叶片,在阴天或傍晚,用刀尖轻轻划破绑缚的塑料带放风,并逐渐扩大露出叶片,以防窝芽。一般待叶片数达 2～3 片时,可分次逐渐将绑在接穗上的塑料带解除,解绑切忌过早,一般可延缓至 70 天左右。

2. 除萌

嫁接后,砧木受到剪砧的刺激会大量发生萌蘖,如不及时除去这些萌蘖,将会与接穗争夺水分、养分,导致接穗难以萌发,甚至枯死,故应及时除萌。一般每 5～7 天即应除萌一次,连除 4~5 次。另外,在甜柿苗长到 70 厘米左右时应摘心一次,以利于培养粗壮的柿树苗。

3. 绑支架防风害

成活后,接穗抽生的枝叶生长旺盛,此时接口愈合组织不坚固,很易被风吹折,造成前功尽弃。因此,在新梢长到 20~30 厘米时,可就地取材选取 50~60 厘米的枝干作为支柱,下端固定在砧木接口下部,要绑牢固,将接穗或新梢系在上端,牢而不死,留出生长空间。立支架与解除绑缚物可同时进行。

4. 肥水管理

为促进柿苗生长,缩短育苗年限,在甜柿苗木生长前期以施氮肥为主。施肥结合浇水进行,一年施 3~5 次。第一次在嫁接成活萌芽后进行,以后每隔 15~20 天追施一次,每次的施肥量以 75~150 千克/公顷为宜。在苗木生长后期,为促使柿树自身制造有机物与贮存营养物质,提高抗寒能力,以施磷、钾肥为主。在"白露"至"霜降"之间,每隔 10~15 天喷一次 10% 草木灰浸出液或磷酸二氢钾 300 倍液。土壤缺墒时,应浇水补墒。值得注意的是,在苗木生长后期,若肥水过大(尤其是施氮肥过多时),会使苗木贪青,苗木组织发育不充实,体内积累的养分少,树液浓度低,常造成冻害。所以甜柿苗期管理要采取前促后控的方法,还要对秋旺枝打顶、摘心,在土壤结冻前浇一次冻水。

5. 病虫害防治

嫁接成活的幼树极易遭受蚜虫、金龟子、白杨病等危害,采用菊酯类农药及时喷洒,可有效除治虫害。用波尔多液喷雾2~3次,可控制白杨病、褐斑病等多种病害的侵染。此外,还要注意对大青叶蝉的防治。因为大青叶蝉在甜柿苗干上产卵时,会刺破树皮,破坏组织,使苗木枝条水分散失,引起苗干抽条。甜柿苗期的害虫还有红蜘蛛、柿毛虫等,应注意防治。

(四)起苗、分级及包装运输

1.起苗

营建柿园的甜柿苗木要求粗壮、根系好、木质化程度高,故起苗前应对苗木进行选择,一般选择苗高1米以上、接口以上30厘米处直径大于0.8厘米、芽体饱满、接口愈合良好、无病虫害的苗木,小苗、弱苗、伤苗、病虫害苗木予以淘汰。起苗前应做好准备,对要起出的苗木挂牌,标明品种、砧木类型、接穗来源、苗龄等。若土壤过于干燥,应充分灌水,以免起苗时损伤过多的须根,待土地稍疏松干爽后即可起苗。甜柿苗伤根不易愈合,故起苗时可先距苗茎20厘米处顺垄挖一条深沟,再挖苗,将苗轻轻提起(可去掉土壤),尽量少伤根,以利于成活。若就近栽植,则所起苗木应尽量带原土坨,且随起随栽。起苗时应不损伤主干,根皮不劈不裂,有5条以上的主侧根,根长15~20厘米。在较寒冷而又多风的地区,起苗一般在落叶后至封冻前进行,将苗木起出后假植,其他地区可在春季柿树萌动期进行。为避免长途运输,应尽量靠近苗圃地建甜柿园,且随起随栽。如需进行长途运输,则应注意把苗木包装好,快速运输。

在购苗时或栽植前,应对苗木进行检查,检查是否是甜柿苗。甜柿苗节间较短,节结处曲折不明显,苗木较顺直,皮孔多而明显;涩柿苗节间较长,节结处曲折现象明显,皮孔少且不明显。确认主栽品种的纯正度,选择适宜的授粉品种。定植成活后,根据主栽品种及授粉品种的叶、茎形态特征,确定品种是否纯正。如授粉树禅寺丸的叶先端尖,基部圆,节间短,皮孔大,褐红色。检查甜柿苗的砧木情况,北方多采用君迁子作砧木。君迁子耐寒性强,根系发达,分枝多,栽后易成活,缓苗期短。但君迁子与富有等甜柿品种亲和力弱,栽后生长不良。尤其在管理不当时,树势会逐年衰弱,甚至枯死。而本砧苗主根发达,须根少,移栽后成活较难,但其根系深,耐湿、耐旱,与所有甜柿的亲和力强。区分砧木类型时,可观察根的断面颜色,断面由淡黄色变深黄色的是君迁子砧,颜色淡黄的是柿砧。或将根切碎后做浸出液,暗褐色的是柿砧,黄褐色的是君迁子砧。还有使用中间砧的,即以君迁子作基砧,用不完全甜柿或涩柿作中间砧,其嫁接苗生长良好。了解苗圃管理状况,检查苗木的质量。苗圃地管理水平高,所产苗木生长发育正常、苗木粗壮、木质化程度高、皮色正常、抗性强、活力高、无病虫危害症状,符合壮苗指标。检查苗木的数量、包装质量和苗木起出后的根系暴露时间、假植情况等。

2.苗木分级

甜柿苗木起出后,要尽量减少风吹日晒时间,根据苗木高度、根茎粗度、根系状况及病虫害、机械损伤程度等指标进行分级。一般把苗木分为三级:

一级苗是发育好的壮苗。

二级苗是不合格苗,对不合格苗,一般应留在苗圃内继续培育。

三级苗是废苗(受病虫危害、机械损伤、发育不充实、品种混杂苗)

一、二级苗还应剪除发育不充实的侧枝梢和被病虫危害的部分及根系的伤残部分,修剪时,剪口要平滑,以利于伤口愈合。

1~2年生嫁接苗的一级苗,一般标准为:接口部位离地面30厘米以上,接口以上直径大于0.8厘米,苗高大于1米,侧根5条以上,侧根长15~20厘米,断根伤口直径不能大于1厘米。另外,苗木木质化程度高,皮色正常,无病虫害等。

柿苗木不能及时栽植或外运时,必须进行短期假植。如秋季起苗,翌年春栽植,则要进行越冬假植。短期假植:挖与主风方向垂直的深沟,一般沟的宽度和深度各为60厘米左右,将迎风面的沟壁做成45°的斜壁,把苗木成束地排在斜壁上。然后用潮湿土壤将根部和苗茎下部埋严、踩实,防止透风。在覆土的同时,按沟距20~30厘米挖出第二条沟,再照样排苗、埋土,其余以此类推。

应选择地势平坦、土壤疏松、不积水,便于运输操作的地方挖沟假植。假植沟与主风方向垂直,沟深 60～70 厘米,沟宽 1 米左右,沟长视苗木数量而定。挖好沟后,先在沟底铺一层湿土,然后把苗木分品种排列,用湿润细土把苗木全埋入土中并踩实,使苗木根系与土壤密切结合,以防止根系发霉。若假植用土过于干燥,假植后应适量洒水,但不宜过多。在假植沟中放几束草把,以利于透气。假植期间应经常对苗木进行检查,防止苗木栽前发芽或烂根发霉。

3. 苗木包装和运输

苗木在运输过程中,如果包装不好、运输时间过长,将导致苗木严重失水而死亡。包装的要求取决于运输时间和距离长短以及运输时的天气状况。运输距离近,苗木起出当日即可运到时,可以散装,装车后在苗木上覆盖草席、苫布,盖严,防止风吹即可。若长途运输,则须妥善包装。要在苗间、苗根部夹放湿润物,或苗根浸蘸保水剂,再用草席、蒲包等进行包装。方法和注意事项:若用束包包装,应先把包装材料放于地上,再将甜柿苗木每 50 株 1 束捆好,根部蘸泥浆或苗间、根部夹放湿润物,再用包装材料把根部包裹好,最后用草绳捆扎结实。大苗带原土移栽时,应用草绳、蒲包等把苗根部的土块捆紧,防止土块散落和水分蒸发。包装工作应在背风、阴凉的地方进行,避免风吹日晒,损伤苗木。苗木运输期间要注意检查,如包内温度过高,要打开通风,并适当加水降温或更换湿草。苗木运到目的地后,要立即打开包装并进行假植。

四 建园与种植

(一)对环境条件的要求

1. 温度

柿树喜温暖气候,在年平均温度 9~23 ℃的地区都有栽培;但也相当耐寒,在冬季一般可耐短期−20 ℃的低温,到−25 ℃时开始发生冻害。当年平均温度低于 9 ℃时,柿树难以生存,该温度也是柿树生存的临界温度。

柿虽原产南方,但由于北方日光充足,雨量适中,花量、着果率及品质皆高于南方。现我国柿树的水平分布,大致在年平均温度 10 ℃等温线经过的地方,即东起辽宁的大连,跨过山海关,沿长城至山西省五台山、云中山、吕梁山,经陕西省宜川、洛川,过子午岭而达甘肃省庆阳、天水、岷县、舟曲,绕过岷山南下至都江堰,折向西抵小金,再向南沿大雪山、雅砻江南下,入云南后一直向南沿元江南下至我国南界。在此分布线以北和以西的地方,因气温多变,温度低或交通不便等,柿树栽培较少。

一般柿树萌芽要求温度在 12 ℃以上,枝叶生长须在 13 ℃以上,开花在 18~22 ℃,果实发育期要求 22~26 ℃。

当超过 30 ℃时,因温度高、呼吸作用旺盛,光合积累相对减少,果面粗糙,品质不佳,对树体生长也不利。成熟期14～22 ℃最好,但是不同品种之间,同一品种不同树势、不同树龄之间对温度的要求也有一定的差别。一般年平均温度为11～20 ℃的地方,柿树最易成花,生育期长且品质优良,冬季无冻害,夏季无日灼。

　　北方新建立的柿园常发生新植幼树遭受冻害死亡的情况,使得幼树保存率偏低。遭受冻害的幼树,其特征表现为枝干的形成层和皮层变褐,根颈处树皮冻裂,地上部枝干抽干死亡,春季从未死的树干基部或地表下萌生新条,但多为砧木苗。这是由于地表至其上 50 厘米左右处的气温偏低,且温差变化大,冻融交替而造成树干基部被冻裂。秋季阴雨连绵或浇水、施肥不当,排水不良,易造成幼树枝条徒长,枝条发育不充实,翌年春很容易发生抽条现象。针对新植幼树易发生冻害的原因,宜采取如下措施减轻冻害:①选择适宜的土地环境。在进行园地选择及栽植时,注意利用局部小气候,防止柿树冻害。故定植应避开风口、下坡地和地势低洼、长期积水的地块,宜选择背风向阳处栽植柿树。②培育"坐地苗"。建立柿园,先栽君迁子实生苗,或在建园前播种君迁子(密度可适当加大),待君迁子成活或所播实生苗长大(1～2 年生时)后再嫁接甜柿,即培育"坐地苗"。坐地苗具有较高的抗冻害能力。在嫁接时,提高嫁接部位,使接口高度在 50 厘米以上,以躲避近地表处的低温。③埋土防寒。柿树幼苗和新栽幼树可在"小雪"节气前后（封冻前）弯干埋土防寒，埋土深度以大于 30 厘米为宜。埋土时不要碰折树干、树枝，树体要全埋。待翌年春季发芽时将土扒开，将幼树扶直。这种防寒法可防止抽条。植株稍大不易弯倒的树，可在树干北侧 40～50 厘米处修建高 60 厘米、长 1.2 米的半月形土埂，使土埂南面有一个背风向阳的小环境，以提高地温，缩短土壤结冻期和提早化冻，从而促进根系提早活动，多吸收水分。甜柿防寒时，不能采用在树干基部培大土堆的方法，这是一种十分危险的防寒措施。实践证明，这种方法非但不能防寒，反而会加重柿树的抽条现象，甚至使培土以上枝条全部死亡。这是因为培土增厚了冻土层，使柿根活动期推迟。④塑料薄膜包扎。采用 0.03 毫米厚的农用塑料薄膜进行枝、干包扎，包扎前幼树适当修剪。用剪成宽 3～5 厘米、长 1～2 米的薄膜条由梢到基部，将各枝条逐步包扎。接茬必须压紧，否则易被风刮开，失去防寒作用。翌年春天，芽开始膨大之前解开薄膜，过早解除薄膜易引起枝条失水、抽干。⑤覆盖地膜，涂刷防冻剂。在土壤结冻前，以根颈为中心覆盖地膜，树体刷 100～150 倍羧甲基纤维素稀释液、100 倍聚乙烯醇或熟猪油。

2. 水

柿树根系庞大且分布深广，吸收能力强，故较耐旱，可在水分较少的地方栽培。但过分干旱易引起落花落果，使树体生长受到抑制,严重影响产量和品质。

柿树在新梢生长和果实发育期需要有充足的水分供应,雨水是重要的水分来源,如果雨量充足,对树体生长有利,可以不灌水。如果雨量不足,必须根据实际情况及时灌水,以满足树体生长所需的水分。夏季久旱不雨或定植不久都要及时灌水。遇干旱时,可采用中耕、刨树盘等措施,以减少土壤水分蒸发,增强树势,减少落果。但是土壤含水量过多(超过 45%)会导致土壤缺氧,抑制好氧性微生物活动,降低土壤肥力,也影响新根的形成和生长。因此,长期积水的地块不宜栽种柿树。

空气湿度对柿树生长发育也有一定影响,如果阴雨过多,空气湿度过大,在花期和幼果期易引起落花落果,造成花芽分化不良,影响翌年产量;在采收期,易导致果色淡、味淡,品质不佳,易烂果染病;在其他时期,易染炭疽病和早期落叶病,使枝条发育不良,树势衰弱。但空气湿度过小对柿树生长也不利,应适当进行人工喷水,以促进树体生长,增强树势,保证果实正常发育,达到高产稳产。柿树对空气湿度的适应范围较广,在年降水量 400~1 500 毫米的地区都可栽培,年降水量 500~700 毫米时生长最好。

3. 光照

柿树喜光,在背风向阳处栽植的树,树势健壮,树冠圆满均衡,果实品质好且产量高。同一株树,向阳面枝条果多,柿果色艳、味佳;阴面枝条上果少,柿果色一般。外围枝上果多、果色艳,内膛枝果少、果色淡。特别是在花期,若光照不足,则落花落果严重,且果皮厚而粗,含糖量少,水分多,着色差,成熟晚,但较耐贮。若光照充足,则枝条发育充实,发枝力强,有机养分易积累,易形成花芽,花多且坐果率高,果实皮薄肉嫩,着色好,味甘甜,水分少,品质佳。

4. 土壤及酸碱度

柿树对土壤的要求不太严格,山地、平地或沙滩地均可生长。但栽培上土层深厚、土壤肥沃、透气性好、保水力强、地下水位在 1 米以下的沙壤土或黏壤土最佳。土层过薄且干旱的地区,根系伸展不开,柿树易落花落果,使地上部分的生长受到抑制,易形成"小老树"。柿树对土壤酸碱度要求也不太严格,但与砧木种类有关。在 pH 5～8 的范围内均可生长,pH 6～7 的土壤对树体生长最适宜。君迁子砧木适合中性土壤,也较耐盐碱;野生柿砧木适合微酸性土壤,在 pH 5.0～6.8 的范围内最适宜。

5. 风

柿树怕风,大风可导致树冠损坏,抑制树体生长。同时,刮风时柿叶间摩擦得厉害,果实易受损伤,影响外观及品质。但微风对生长有利,可促使树冠与周围空气交换,有利于光合作用。在栽培上,不宜将柿树种在风口处。

(二)甜柿树对环境条件的特殊要求

甜柿树主要分布在温暖地区,甜柿品种如在较寒冷地区栽培,常不能自然脱涩;而涩柿类品种在气温较高的地区栽培,常有自然脱涩现象。据调查发现,宜昌地区的宝盖柿在当地可在树上自行脱涩,近于半甜柿品种。

1. 温度

甜柿树适合在温暖地区栽培,在秋季寒冷地区栽培则脱涩不完全或不能自行脱涩,着色和风味均不佳,栽培在气温过高的地区则肉质粗、品质差。4~11月份是甜柿的生长季节,温度要求在 17 ℃以上。尤其是在果实生长期,平均温度达不到 17 ℃以上时,果实不能自然脱涩。8~11月份是果实成熟期,温度以 18~19 ℃为宜。在 9 月份平均气温 21~23 ℃、10月份平均气温 15 ℃以上的地区栽培的甜柿品质优良。冬季枝梢受冻害温度为－15 ℃,发芽期耐霜冻温度为－2 ℃。我国长江流域是甜柿的适宜栽培区。

2. 降水量

甜柿树对年降水量的要求为 1 000~2 000 毫米。夏季降水量少,有利于花芽形成,落果少。在花期和幼果生长期降水量过多,对授粉和幼果生长均不利,易引发病害。

3. 光照

甜柿树要求日照充足,若光照不足,则枝条发育不充实,有机养分积累少,碳氮比下降,结果母枝难以形成,花芽分化不良,导致开花量少,坐果率低。甜柿树要求 4~10 月份日照时间在 1 400 小时以上,尤其是花期和果实成熟期,故不能在阴雨连绵的地区发展甜柿。

4. 土壤

甜柿树对土壤的适应性与涩柿树相同,以土层深厚、含腐殖质多、保水力强的黏质土为好,pH 6.0～6.8的微酸性土壤最适宜。

(三)园地选择与建园

选择柿树栽植地点时,要考虑气候、市场、交通等问题,权衡利弊,因地制宜地进行规划。要充分利用广阔的山地及荒滩空地,在耕地面积宽裕的地方可利用较差的耕地建园。

1.确定多种经营的规模

在进行果园规划前要先进行园地调查,分析地形、地势、土壤、气候等土地条件间的差异。调查植被生长情况以及交通条件、劳动力等资料,以便确定多种经营的规模。一个大柿园需要大量工作人员和肥源等,为减少投资,需要采取多种经营方式来保证经济收入。特别是早期柿园没有收入,应在园中种植蔬菜和粮食以及养牲畜等,以便自给或部分自给。

2.规划生产小区

为便于管理,应根据交通、道路、林带、排灌系统来确定生产作业区的大小(面积2.0～5.3公顷)。平地以长方形小区为好,有利于提高机械化操作效率,小区的长边要与主风方向垂直,以便设置防风林。山地与丘陵地小区的大小与排列应随地形而定,长边应与等高线平行。

3.道路

果园道路的设置包括道路布局、路面宽度及规格,道路布局要根据地形、地势、果园规模及园外交通而定。在隔一定距离的树行中留出一条小路,以便喷药、运果、运肥时车辆行驶。设计道路应从长远考虑,根据果园全部建成后最高产量期的运输量来规划道路规格与规模。

4. 防护林

设置防护林能降低风速,减少风害,提高坐果率,减少土壤水分蒸发,增加空气湿度,调节气温、土温等,有利于改善果园生态环境。

建造防护林时,要依据当地有害风的风向、风速和地形等具体情况,正确设计林带的走向和结构、林带间距离及适宜树种等。应选适应当地气候、土壤抗逆性强、生长迅速、枝叶茂密、不与果树有共同病虫害并具有一定经济价值的树种,如毛白杨、大青杨、洋槐、桑、花椒、马尾松等。

5. 灌溉系统

灌溉系统包括水源、灌水系统、排水系统。一个果园靠自然降雨是满足不了树体对水分的需求的,因此要在建园前解决水源问题。根据园中地下水的含量,选适宜地点打一口机井,以供灌溉用。在各小区之间修水渠,切记要有一定的防渗漏措施,以免在浇水过程中渗水漏水。

如果果园地下水位高,土壤黏重或下面有不透水潜育层,要设计排水系统。由设在小区内的积水沟流入小区边的支沟,然后汇集到总排水沟,总排水沟的末端应有出水口,以免积水过多排不出去,造成涝灾。山地和丘陵果园的排水系统由横向的等高沟与纵向的总排水沟组成。

(四)栽植

1.栽植方式

柿树对栽植方式要求不严格,除了设计正规的柿园外,也可以采用大行距与粮食作物间作,或在田边、房前屋后零星栽植。栽植方式与密度也有着密切的关系,在同样密度下要最大限度地利用土地、空间和光照,既要在单位面积上获得高产,又要便于果园各项管理,有利于喷药等田间操作。常见的栽植方式主要有以下几种:

(1)长方形栽植:这是目前生产上应用最广泛的方式,植株呈长方形排列,行距大,株距小。如果密植,可以提高单位面积产量,且行间宽,仍可保持良好的光照和通风条件,也有利于在行间间作或种植绿肥作物,有利于机械化耕作及管理。

(2)等高栽植:在山地、丘陵地栽种柿树,多栽在梯田、鱼鳞坑上,按等高线定植。梯田没修好时,也可先按等高线栽植柿树,栽时注意将凹凸地填挖整平,以后再逐步修梯田。此法应根据实际情况来确定,在地形变化复杂的梯田,只要保持一定株距,行距可随地形而变化,不要求顺坡方向成行,只要求符合等高线的行能通,也叫通透行。但实际上常与等高线不相称,可根据具体情况,因地制宜地调整到接近光滑的曲线。这种方式有利于保持水土。

(3)宽窄行栽植:又称带状种植,一般3行成1带,两窄一宽或两宽一窄,这样连续重复栽植的方式叫宽窄行栽植。带内的行距较窄,带间的行距较宽。在单位面积内定植株数相同时,此方式有利于提高带内群栽的抗逆性,如抗风、抗旱、抗日灼等,缺点是单位面积内栽植株数较少。带距是行距的 3~4 倍,植成正方形或长方形均可,宽的带距利于通风透光和机械操作、种植间作物,但带内管理不便。

2. 栽植距离

目前生产实践证明,在单位面积内,合理密植是增产的关键措施之一。合理密植不仅能提高早期产量,且能持续高产、优质,还能充分利用土地和阳光等。密植时要根据品种、土壤、地势、气候、栽植方式及整枝方式等具体情况具体分析,综合权衡,确定该园的最适密度。一般在平地和肥沃土壤上建园时可按 4 米×2 米的株行距栽植。柿粮间作可按株距 6 米、行距 20~30 米的距离定植,行距大,便于间作其他作物。株距不应太小,以便间作作物得到充足阳光。栽植时力求南北成行,以减少对农作物的遮阳时间,提高光能利用率。总的栽植密度,山地密度大于平地密度;瘠薄地密度大于肥沃地密度;阳坡密,阴坡稀,半阴半阳坡密度适中;管理水平高的果园可适当加密。

3. 栽植时期

各地的生产实践证明,柿树栽植的适宜时期为秋季落叶后及春季萌芽前。秋季苗木出圃后即定植,有利于根系早期与土壤密切接触,恢复吸水功能。另外,对君迁子砧木来说,其根被损伤后,需一定积温伤口才能愈合和发生新根,并利于翌年春季枝叶的生长,还可省去假植手续。在北方柿产区,由于冬季寒冷,土壤失墒严重,加上地薄和低温时间长,最好春栽,"清明节"前栽植为宜,不宜太早。因各地气候条件差异较大,北方均以葡萄出土上架作为春栽的最佳时期。应在无风或阴天栽植柿树,干燥的晴天或大风天最好不栽。黄河中下游和长江以南地区秋栽最好。

4. 品种选择和授粉品种的搭配

选择品种时,首先要遵循区域化与良种化的原则,选用最适合当地气候、土壤条件,并经过生产或试验鉴定出来的优良品种。只有这样才能充分发挥品种的生产潜力,保证丰产优质的商品果实。

大多数柿树品种不需要授粉就能结果,称为单性结实。在栽植授粉树后,有的品种未受精能结出无核果,称为刺激性单性结实。有的品种授粉后种子中途退化而成为无籽果实,称为伪单性结实,如日本涩柿平无核、官崎无核。上述两品种均需搭配授粉品种才可增加产量。

搭配授粉品种时,也应选当地区域化优良品种,与主栽品种要有亲和力,有大量花粉,这样相互授粉后结实率高,品质优良。同时授粉品种要与主栽品种花期、寿命基本一致。在密植柿园里,每隔3行栽1行授粉品种,柿园的授粉品种不能少于全园柿树的 1/9。

5.定植技术

(1)确定定植点与挖坑:柿园规划设计好后,在栽植之前,根据规划的栽植株行距,用测量绳测量,边测边用石灰做标记,整个柿园测完后便可挖定植沟。要将挖出的心土和表土分别放,坑深为 60～80 厘米。挖好后施入基肥,土肥拌匀后再填入坑内,施好肥后浇一次透水,使坑土下沉,待3～4 天后坑土不黏时便可栽树。如果土壤下沉处有相对不适水层,定植穴应穿透此层;墒情不好且没有灌溉条件时,定植穴宜小不宜大,以保墒情和提高成活率。

(2)栽植方法:在栽植前画好定植图,以免品种混杂。把规划好的品种绑成捆,系好标签,将健壮无病苗木运到柿园。先将东西、南北两行用 3 个标杆瞄直,3 人 1 组,1 人扶苗,1 人瞄杆,1 人培土;把柿苗放入坑里稍填些土踏实,将苗木往上轻轻提,使根系充分伸展与土壤接触,以利于根系生长。填土时应使苗木根颈处高出地面 5 厘米,灌水后土壤下沉,苗木根颈与地面平齐。栽好后在定植穴外做圆形土埂,便于浇水。全园定植完后立即浇水,以保证成活,并把歪倒的苗木扶正培土。

(3)栽后管理:苗木栽植后,如天气干旱就要及时浇水,并进行松土保墒,在一般情况下每 20 天浇一次水。在萌芽前定干修剪,发现死苗要及时补栽。

　　北方新栽的柿树应特别注意防寒,封冻前浇一次封冻水,同时可用杂草捆绑树干或设立风障,或在苗木基部培高70厘米的土堆,也可以采取涂白等防寒措施。9～10月份结合中耕除草喷一次磷钾肥,以增强树体的抗寒防冻能力。

五 土肥水管理技术

(一)施肥

1.营养诊断

营养诊断是柿园实现科学土肥水管理的必要条件,分为诊断、解释与处方三个步骤。其中诊断即症状的判断或指标的测定;解释即根据症状或测得的数据,结合果园生态环境和栽培管理特点等因素,对症状、数据形成的原因和所显示的问题作出解释和判断;处方即结合已有的施肥经验或其他试验结果及管理经验等,提出恰当的矫治措施。目前采用的营养诊断方法主要有形态诊断、化学诊断和施肥诊断。

(1)形态诊断:形态诊断是一种简便易行的营养诊断方法。果树缺乏某种元素,一般都会在形态上表现出特有的症状,即所谓的缺素症。由于这种症状表现与内在原因之间有着密切联系,可作为形态诊断的依据。虽然这种方法比较粗放,但在实践中是一种常用的、简便易行的诊断方法。

(2)化学诊断:在形态诊断的基础上,为确保准确、安全,并量化缺素的程度,或当果树缺乏某种元素而生长不良,但未表现出典型症状时,可采用化学分析的方法进一步确诊。现代一些管理水平较高的果园已经实施定期化学诊断,以指导科学施肥。化学诊断采用较多的是叶分析,必要时结合土壤分析。这种方法多用于分析植株或土壤的某些主要元素的含量,与事先经过试验研究拟定的临界含量或指标相比较。其分析结果是果树营养状况最直接的反映,因此判断结果较为准确可靠。

①叶分析。即对柿叶片中营养元素的含量进行化学分析。因为取样时期、部位、数量以及样品处理方法都会显著影响叶分析结果,所以叶分析的可靠性在于取样。供分析的叶片,宜在其营养元素变化较小时采集,一般是在新梢停止生长期,即6月中旬至8月上旬。取样部位:取树冠外围、中部、发育枝梢中位的健壮叶。取样数量和重复次数:选取在果园中不同位置、具有代表性的树5~10株,每株采10片叶,共采50片叶组成一个样本,要重复3次,总共采集150片叶。把采集的新鲜叶片放在尼龙纱袋或纱布袋内,不能放在塑料袋内。将采下的新鲜叶片洗涤干净,尽快烘干,立即进行化验分析。

②土壤分析。因为多数果园存在土壤质地与肥力的不均匀性,所以土壤取样应遵循多点混合取样的原则。取样时期在发芽前1~2个月,也可在秋季采果后,9月底至10月底进行。若果园面积较小或土壤质地较为一致,可将该

果园作为一个"同质"小区;反之应将果园划分成若干个"同质"小区,每小区取一混合样品。对于划分好小区的地块,可采用"之"字形路线取样。取样点的多少视小区土壤均匀程度而定,一般在面积不太大的柿园可打 5～25 个孔,分别在这些孔的不同层次用筒形取样器打洞取等体积的土样。取样深度可按根系深度而定,土层深厚且根系分布深的要取到 150 厘米,新建柿园可结合挖定植穴采集混合土样(先在定植穴内修出新鲜剖面,从剖面最下层开始,在每层典型部位约 10 厘米厚的层段采取)。每份混合土样不少于 1 千克,分装在干净的布袋内,并填好两份标签,一份放在布袋内,另一份捆在袋口上。土壤样品应及时放在没有阳光直射、通风良好的地方阴干,以免受潮发霉。

在形态诊断的基础上,为了进一步确诊,判断是否缺乏某种营养元素,可采用施用该种营养元素进行处理与不施用该种营养元素进行处理的对照。经过一段时间的观察,如果缺素症状消失,表明诊断正确。

2. 配方施肥

通过形态诊断,可大致掌握柿树主要营养元素的盈亏情况,再根据叶分析,进一步了解树体内各种营养元素的水平,必要时通过土壤分析测定出土壤中可提供的养分含量水平,据此制订出合理配方,实行平衡施肥,有机肥与化肥相结合,力求达到果树体内养分动态平衡,为果树生长发育创造良好的营养条件。

近年来,虽然在全国各地建立了一些果树专用复混肥厂,但大多是根据某些果树对 N、P、K 的需要量,再加上一些果树容易缺乏的微量元素而提出的肥料配方并在生产中应用。但这些肥料配方不可能适合所有的果园,也不可能适合所有的树种。目前,把果树营养诊断与土壤测试结合起来进行配肥的厂家还不多。如何根据营养诊断结果,合理调配肥料中营养元素的比例,配制出适合柿树生长特点和本柿园土壤条件的专用肥,在目前情况下可以有三种途径。①将某种单元肥料掺入有机肥中,结合施基肥共同施入。当树体缺乏某种营养元素时,可将该营养元素的单元肥料按计算好的数量掺入有机肥中,结合秋施基肥共同施入。有的单元肥料(如过磷酸钙、硫酸亚铁)掺入有机肥中,与有机肥一起经过堆沤发酵后再施用效果更好。②在多元复合肥中掺入某些营养元素,配成符合自己要求的多元复混肥。目前市场上的三元复合肥有几个通用型配方,如氮(N)、磷(P_2O_5)、钾(K_2O)的比例为 10∶10∶10 或15∶10∶15。可以选用养分含量接近要求的三元复合肥,再将其他单元或双元肥料按计算好的比例与其混配后施用。③自制多元混配肥料。根据营养诊断结果,设计出合适的肥料配方,将配方中所含的各营养元素的单元肥料作为基质肥料,按照配方中各种养分的比例对各基质肥料进行养分含量换算,确定出各基质肥料的用量,然后将其均匀地掺混好便可施用。散装掺混配料工艺简单,人们在地头就可进行,各营养元素的掺混比例可根据需要随时调整。同时免去了造粒和干燥过程，成本低廉，养分损失量也少。但由于各基质配料颗粒大小不一，肥料在运输和施用过程中易发生分离现象，从而达不到分布均匀的目的。因此，自制的掺混肥要随用随掺，一次掺混的量不要太多，以能掺混均匀为原则。掺混好的肥料装袋时，要装满并系紧袋口，以免搬动或运输时因基质肥料粒径大小不同发生分层现象，影响施用效果。

3. 植物生长调节剂

植物生长和发育除了需要大量营养物质（如水分、无机盐、有机盐等）外，还需要一类对生长、发育有特殊作用但其量甚微的活性物质，这类微量的生理活性物质称为植物激素。植物激素是植物正常代谢的产物，不同的植物激素产生于植物的不同部位，当它们由产生部位转移到作用部位时，会对生长产生强烈的影响。为了与天然的植物激素相区别，通常把人工合成的、能够调节植物体内激素水平的植物生长物质称为植物生长调节剂，如多效唑等。

多效唑是英国 ICI 公司推出的一种植物生长延缓剂，主要作用是抑制内源赤霉素的生物合成，致使营养生长减缓。多效唑对果树矮化密植、早果早丰以及增强抗性有明显效果。

柿具有早果、丰产、收益快等优点，初进入盛果期，所需要的管理技术相应较高，控冠、防止郁闭、保持良好的通风透光条件是柿园管理的主要内容。应用多效唑，可使管理工作简化易行。经田间试验,六年生柿树秋季每株施 6~10 克多效唑后,翌年新梢生长量明显减少,枝条节间变短,叶片增厚,树体趋于矮化紧凑,产量增加,且果实大小均匀、着色好、可溶性固形物含量提高。使用过多效唑的甜柿,冬夏修剪量减少,树体同化产物用于果实生长的比率提高。

多效唑土施法是在秋季甜柿根系密集区(约枝展的 2/3 处)挖 15~30 厘米深的环沟,然后将多效唑配成水溶液浇入环沟,待渗入后覆盖土壤;叶面喷施法是在早春新梢长至 5 厘米左右时,叶面喷施 15% 多效唑 300~600 倍液,根据树势可喷 1~3 次(时间间隔 10~15 天),要注意喷洒均匀,使树叶和枝干充分着液,尤其是幼嫩部分,以喷到滴水为度。

应注意的问题:一是土壤对多效唑有固定作用,会影响使用效果,特别是黏性越大的土壤其固定作用越强。所以土施多效唑以沙壤土为好,对于黏性大的土壤,宜叶面喷施。二是施用多效唑的对象应是营养生长旺盛的甜柿,土肥水管理较差、树势弱的果园不能施用。三是对于树龄小于 4 年的树,应考虑树体扩展和主干的发育,不应让其大量结果。四是施用多效唑后,坐果率和花芽分化量都大幅度提高,要注意搞好疏花疏果,控制一定的负载量,防止树体因结果过多减弱树势。

(二)灌水

柿较耐旱,有利于实行旱作栽培。但在其年生长周期中,新梢生长期和果实膨大期是两个需水的重要时期,称之为需水临界期。若此期水分亏缺,会使树体生长发育受到抑制,柿果产量和品质受到严重影响。

柿从萌芽到新梢停止生长需要 30～40 天,这个时期树体对土壤水分丰缺反应敏感,土壤水分决定着甜柿树春季叶幕形成的速度和质量。若干旱缺水,常表现为萌芽迟,发芽不整齐,展叶慢,叶片小,新梢生长不良,坐果少,不仅影响当年果实的产量和质量,且对翌年开花结果极为不利。

柿果膨大期是从落花后开始至细胞分裂完毕结束,大致到 7 月下旬。此期我国北方正值雨季,对满足柿树需水是有利的。如果此时降雨不足,土壤干旱,容易引起枝叶与果实争夺水分而导致大量落果。

我国北方柿区春季多干旱,萌芽前应注意浇水,以促进枝叶生长和花器发育。在开花前后及时灌水,可确保一定的坐果率。在果实膨大期,若遇干旱应及时灌水,以促进果实膨大,提高柿果的产量和质量。柿树喜湿润,土壤湿度保持在田间持水量的 60%～80% 最有利于柿树生长、吸收、转化等活动。若土壤水分不足,易导致果实萎缩,枝叶萎蔫,落花落果。因此,适时灌水很重要。

1. 灌水时期

(1)花前灌水:此时若水分不足,柿树生长变弱,花器发育不良,导致后期落花落果,产量下降。所以此期要适时灌水,以保证丰产。

(2)新梢生长和果实发育期:此期灌水直接影响当年产量。水分不足会影响新梢生长和果实膨大,严重时会造成大量落果。

(3)果实膨大期:此期柿树需水量最大,以供果实膨大。当土壤水分不足时,果实将变小,导致柿果早红软化,对产量影响极为明显,同时也影响花芽分化及翌年产量。

(4)果实成熟前期:此期也是一个重要的需水时期。如土壤缺水,将直接影响果实大小和品质。若适时灌水,可增大果个,提高果实品质。此次灌水可与秋施基肥结合进行,有利于采果后树势的恢复,增强树体抗寒能力,为翌年丰产打下良好的基础。

2.灌水量

灌水量受多种因素影响,掌握好适宜的灌水量对柿树根系生长和树体生长均有利。其适量的标准是浇透水,以平地浸湿土层 1 米左右、山地浸湿土层 0.8～1.0 米为宜。

3.灌水方法

(1)沟灌:该方法简单,投资少,但用水量大,浪费水资源,且土壤易板结。

(2)滴灌:一般在缺水地区采用此方法。春季在树冠外围挖长、宽、高各 50 厘米的小穴,每株树下挖 6～10 个,每穴灌 30～40 升水,而后在穴上盖塑料薄膜,以防止水分蒸发。此法省工省水,实用方便,在北方尤其西北缺水地区值得提倡。

柿树的需水临界期主要在上半年,此时我国北方雨季尚未来临,春旱和伏旱时有发生,故一年中前期对柿树进行适时灌溉至关重要。在丘陵区,可以通过打旱井、修建蓄水池等方法,集引、蓄纳山地地表径流;或充分利用沟、洞中可供开发的小水源,应用节水灌溉技术,以最少的灌水次数和灌水量,解决或缓和柿树需水与自然降水不足的矛盾,具体方法为穴贮肥水地膜覆盖。这种方法是在柿树根系集中分布区域内设置少量贮水穴,用玉米秸等作贮水材料,于穴内浇水施肥,并辅之以地膜覆盖保墒,使部分根系处于良好的肥水环境中。该法具有埋草、盖膜、施肥、灌水等综合的增益效应,对旱地柿树增产增收效果显著。具体方法:将玉米秸捆成长 35 厘米、粗 20 厘米的捆,于柿树萌发前,在树冠垂直投影边缘向内 0.5 米处挖 4~8 个深度和直径均为 40 厘米的贮水穴,将秸秆捆竖立在穴中,每穴施用优质农家肥 10~20 千克、碳酸氢铵 0.2~0.4 千克、过磷酸钙 0.1~0.2 千克。将这些肥料与土壤以 2:1 的比例混匀回填,回填土低于地面,使贮水穴形成小洼。每穴浇水 5~10 升,水充分下渗后,把穴整成外高里低的盘状,并覆盖地膜。在贮水穴中心低洼处,用木棒将地膜穿一个孔,平时盖瓦片或石块(或用土封严)。要及时清除膜上的泥土、树叶、杂草,使降水能顺利地从小孔中渗入土壤。干旱时扒开小洞灌透水,每穴灌水 3~5 升。落花后和果实迅速膨大期每穴施尿素 100 克,将肥料溶于水中,由小孔灌入穴内,施肥灌水后仍将膜孔盖好。膜外杂草要随时铲除,膜下杂草较多时,可用土压盖。地膜每年更换一次,2~3年后秸秆捆完全腐烂,可将旧穴填平另开新穴。

4. 排水

柿园积水易造成柿树烂根和落果,柿园中规划排水系统,可避免因涝灾造成柿园减产或柿树死亡。

(三)土壤管理

土壤管理是柿园管理的中心内容,只有合理的土肥水管理,才能使土壤养分、水分、空气、土温、化学性质五项指标协调稳定,才能"养根壮树"。

1. 土壤改良

土壤深翻一方面使土壤通气性大大增强,有利于土壤中微生物的活动,从而加速肥效的发挥;另一方面,打破土壤障碍层,扩大了根系的分布范围,这一点对于山丘薄地、有黏板层的黏土地及盐碱地尤为重要。通过深翻,深层土壤的根系因环境条件的改善而生长大大好转,由于深层土壤的温度、水分等比较稳定,深翻的根冬季不停止活动,提高了果树的抗冻、抗旱能力。一般来说,果园深翻在四季均可进行,应根据果园具体情况适时进行。

秋季深翻,通常在果实采收前后结合秋施基肥进行。此时树体地上部分生长缓慢或基本停止,养分开始回流和积累,又是根系再次生长高峰期,根系伤口易愈合,易发新根;深翻结合灌水,可使土粒与根系迅速密接,利于根系生长。因此,秋季是果园深翻的较好时期。但在干旱无浇水条件的地区,根系易受旱、冻害,地上枝芽易枯干,此种情况不宜进行秋季深翻。

春季深翻应在土壤解冻后及早进行。此时地上部分尚处于休眠状态,而根系刚开始活动,深翻后伤根易愈合和再生。从土壤水分季节变化来看,春季化冻后,土壤水分向上移动,土质疏松,操作省工。我国北方多春旱,翻后需及时浇水,早春多风地区水分蒸发量大,深翻过程中应及时覆土,保护根系。风大、干旱和寒冷地区不宜进行春季深翻。

冬季深翻宜在入冬后至土壤封冻之前进行。冬季深翻后要及时填土,以防冻根,北方寒冷地区多不宜进行冬季深翻。

深翻深度以比果树根系集中分布层稍深为宜,一般在60~90厘米,尽量不伤根或少伤直径1厘米以上的大根。因为根系稀疏,伤断大根以后恢复较慢。

深翻方法有深翻扩穴、隔行深翻、对边深翻和全园深翻。

2. 果园覆盖技术

果园覆盖栽培,是指在果园地表人工覆盖天然有机物或化学合成物的栽培管理技术,分为生物覆盖和化学覆盖。生物覆盖材料包括作物秸秆、杂草、其他植物残体等,化学覆盖材料包括聚乙烯农用地膜、可降解地膜、有色膜、反光膜等化学合成材料。果园覆盖栽培作为一种省工、高效的土壤管理措施,具有降低管理成本、提高土壤含水量、节省灌溉开支、增加产量等优点。果园覆盖能够改善土壤的通透性,提高土壤孔隙度,减小土壤容重,使土质松软,利于土壤团粒结构形成,避免土壤内盐碱含量升高,有助于土壤保持长期疏松的状态,提高土壤养分的有效性,提高土壤肥力,促进土壤微生物活动。覆盖的作物秸秆、杂草等被降解后可增加土壤有机质含量,提高土壤肥力,连续覆盖3～4年活土层的厚度可增加10厘米左右,土壤有机质含量可增加1%左右。

(1)覆草:覆草前应先浇足水,按10～15千克/亩的数量施用尿素,以满足微生物分解有机质时对氮的需要。覆草一年四季均可进行,春、夏季覆草效果最好。春季覆草利于果树整个生育期的生长发育,可在果树发芽前结合施肥、春灌等农事活动一并进行,省工省时。不能在春季进行覆草的,可在麦收后用丰富的麦秸、麦糠进行覆盖,新鲜的麦秸、麦糠要经过雨季初步腐烂后再用。洼地或易受晚霜危害的果园,在谢花之后覆草最好。不宜进行间作的成龄果园可全园覆草,即果园内裸露的土地全部覆草,数量可掌握在1 500千克/亩左右。幼龄园以树盘覆草为宜,用草量在1 000千克/亩左右。果园覆草应连年进行,每年均需补充一些新草,以保持原有覆草厚度。覆草三四年后可在冬季深翻一次,深度15厘米左右,将地表已腐烂的杂草翻入表土,然后加新鲜杂草继续覆盖。

（2）覆膜：覆膜前必须先施足肥料，地面必须整细、整平。在干旱、寒冷、多风地区，覆膜时间选择在早春（3 月中下旬至 4 月上旬）土壤解冻后为宜。覆膜时应将膜拉展，使之紧贴地面。

一年生幼树采用"块状覆膜"法，树盘以树干为中心做成"浅盘状"，要求外高里低，以利于蓄水，四周开 10 厘米深的浅沟，然后将地膜从树干穿过并把膜缘铺入沟内，然后用土压实。2～3 年生幼树采用"带状覆膜"法，顺树行两边相距 65 厘米各开一条深 10 厘米的浅沟，再将地膜覆上。遇树开一浅口，两边膜缘铺入沟内用土压实。

夏季进入高温季节时，注意在地膜上覆盖一些秸秆等，以防根际土温过高，根际土温一般以不超过 30 ℃为宜。此外，冬季应及时收集已风化破损、无利用价值的碎膜，集中处理，以便于土壤耕作。

果园覆草需要注意，山涧河谷平原或湿度较高的果园，覆草或秸秆后容易加剧烟污病、蝇粪病的发生和危害；黏重土壤的果园覆草后，易引起烂根病；河滩、海滩或池塘、水坝旁的果园，早春覆草后，在花期易遭受晚霜危害，影响坐果，这类果园最好在麦收后覆草。

果园覆盖为病菌提供了栖息场所，会引起病虫数量增加，在覆盖前要用杀虫剂、杀菌剂喷洒地面和覆盖物。排水不良的地块不宜覆草，以免加重涝害。果园覆草或秸秆后，果树根系分布浅，且根颈部易发生冻害和腐烂病。长期覆盖草或秸秆的果园湿度较大,根的抗性差,可在春、夏季扒开树盘下的覆盖物,对地面进行晾晒,这样能有效地预防根腐烂病,并促使根系向土壤深层伸展。此外,覆草时在根颈周围留出一定的空间,能有效地控制根颈腐烂和冻害;冬、春季树干涂白、幼树培土或用草包干,对预防冻害也有明显的作用。

农膜覆盖也带来了"白色污染",聚丙烯、聚乙烯地膜可在田间残留几十年不降解,造成土壤板结、通透性变差、地力下降,严重影响作物生长发育和产量。因此,残破地膜一定要捡拾干净集中处理。覆膜时应优先选用可降解地膜。

3. 果园生草

果园生草宜在年降雨量 500 毫米以上(最好在 800 毫米以上)的地区或有良好灌溉条件的地区采用。若年降水量少于 500 毫米且无灌溉条件,则不宜进行生草栽培。在行距为 5~6 米的稀植园,幼树期即可进行生草栽培;高密度果园不宜进行生草,而宜覆草。

生草有人工种植和自然生草两种方式,可进行全园生草或行间生草。土层深厚、土壤肥沃、根系分布较深的果园宜采用全园生草的方式,土壤贫瘠、土层浅薄的果园宜采用行间生草的方式。无论采取哪种方式,都要掌握一个原则,即生草应与果树肥、水、光等的竞争较小,且能提升土壤生态效应和土地的利用率。

生草对草的种类有一定的要求,主要标准是适应性要强,耐阴,生长快,产草量大,耗水量较少,植株矮小,根系浅,能吸收和固定果树不易吸收的营养物质,地面覆盖时间长,与果树无共同的病虫害,对果树无不良影响,能引诱天敌,生育期比较短。鼠茅草、黑麦草、白三叶草、紫花苜蓿等最佳,也可选择百脉根、百喜草、草木樨、毛苕子、扁茎黄芪、小冠花、鸭绒草、早熟禾、羊胡子草、野燕麦等。

(1)播种:播种前整地,清除园内杂草,每亩撒施磷肥50千克,翻耕土壤,深度为20～25厘米,翻后整平地面,灌水补墒。为减少杂草的干扰,最好在播种前半个月灌水一次,诱发杂草种子萌发出土,除去杂草后再播种。

①播种时间。春、夏、秋季均可播种,多在春、秋季进行。春播一般在3月中下旬至4月份,气温稳定在15℃以上时进行;秋季播种一般从8月中旬开始,到9月中旬结束,最好在雨后或灌溉后趁墒情好时进行。春播,草坪可在7月份果园草荒发生前形成;秋播可避开果园野生杂草的影响,减少剔除杂草的繁重劳动。就果园生草草种的特性而言,白三叶草、多年生黑麦草,在春季或秋季均可播种;放牧型苜蓿在春季、夏季或秋季均可播种;百喜草只能在春季播种。

②草种用量。白三叶草、紫花苜蓿、田菁等 0.5～1.5 千克/亩,黑麦草 2.0～3.0 千克/亩。可根据土壤墒情适当调整用种量:一般土壤墒情好,播种量宜小;土壤墒情差,播种量宜大。

一般情况下,生草带宽度为 1.2～2.0 米,播种方式有条播和撒播。条播,即开 0.5～1.5 厘米深的沟,将过筛的细土与种子以(2～3):1 的比例混合均匀,撒入沟内,然后覆土。土壤板结时及时划锄破土,以利于出苗,7～10 天即可出苗。行距以 15～30 厘米为宜,土质好、土壤肥沃、有灌水条件的,行距可适当放宽;土壤瘠薄时,行距要适当缩小。同时,播种宜浅不宜深。撒播,即将地整好,把种子拌入一定量的沙土撒在地表,然后用耙耙一遍覆土即可。

(2)幼苗期管理:出苗后应及时清除杂草,查苗补苗。生草初期应注意加强水肥管理,干旱时及时灌水补墒,并可结合灌水补施少量氮肥。白三叶草属于豆科植物,自身有固氮能力,但苗期根瘤尚未生成,需要补充少量氮肥,成坪后只需补充磷、钾肥。白三叶草苗期生长缓慢,抗旱性差,应保持土壤湿润,以利于苗期生长。成坪后如遇到长期干旱,也需要适当浇水。灌水后应及时松土,清除野生杂草,尤其是恶性杂草。生草最初的几个月不能刈割,要待草根扎深、植株高 30 厘米以上时,才能开始刈割。春季播种的,进入雨季后灭除杂草是关键。密度较大的狗尾草、马唐等禾本科杂草,可用10.8%盖草能乳油或5%禾草杀星乳油500～700倍液喷雾。

(3)成坪后的管理:果园生草成坪后可保持3～6年,应适时刈割,既可以缓和春季和果树竞争肥水的矛盾,又可增加年内草的产量,增加土壤有机质的含量。一般每年割2～4次,灌溉条件好的果园可以适当多割一次。割草的时间掌握在开花期与结果初期,此期草内的营养物质最高。割草的高度,一般的豆科草(如白三叶草)要留1～2个分枝,禾本科草要留有心叶,一般留茬5～10厘米。避免割得过重,使草失去再生能力。割草时不要一次割完,顺行留一部分草,为天敌保留部分生存环境。割下的草可覆盖于树盘上、就地撒开、开沟深埋或与土混合沤制成肥,也可制成饲料还肥于园。整个生长季节果园植被应在15～40厘米之间交替生长。

刈割之后应补氮和灌水,结合果树施肥,每年春秋季施用以磷、钾肥为主的肥料。生长期内叶面喷肥3～4次,并在干旱时适量灌水。生草成坪后,有很强的抑制杂草的能力,一般不需再进行人工除草。

果园种草后,既为有益昆虫提供了栖息场所,也为病虫提供了庇护场所,果园生草后地下害虫会有不同程度的增加,应重视病虫防治。生草多年后,草层老化,土壤表层板结,应及时采取更新措施。自繁能力较强的百脉根可通过复壮草群进行更新,黑麦草一般在生草 4~5 年后及时耕翻,白三叶草在 5~7 年草群退化后进行耕翻,闲置 1~2 年后重新生草。

自然生草是把果园里自然长出的有益的草进行保留,是一种省时省力的生草法。

六 整形修剪技术

(一)修剪的基本原则

整形,就是根据柿树生长特性、当地环境条件和栽培技术,科学地培养出理想的高产树形。修剪是在整形的基础上人为地除去或适当处理不必要的枝条,继续培养和维持丰产树形,使之能按照人们的意愿丰产、稳产。整形修剪的原则有以下几条:

(1)因树修剪,随枝造形:这是修剪的总原则,要根据柿树的品种、树龄、树势等特性来确定相适宜的树形及修剪方法,使之有利于生长和结果。各类枝所采用的修剪方法和处理手段也略有不同,随枝造形最有利于柿树生长结果,也利于维持丰产树形。

(2)长远规划,全面考虑:柿树寿命长,结果年限达几百年。因此,在整形修剪时,既要着眼当前结果利益,也要顾及未来结果利益。

(3)以轻为主,轻重结合:这是幼树修剪的原则,轻重结合也适用于成年树修剪,目的在于调节树势,合理充分利用空间,做到立体结果。

（4）平衡树势，分清主从：要注意同级骨干枝生长势均等，各层骨干枝相对均衡。在修剪时，要依据具体情况采取相应的修剪手段。

（5）大枝少而匀，小枝多而不密：要尽量做到大枝少而着生部位均匀，小枝多而不密，这样才利于构成早期丰产、稳产的树体结构，充分利用空间和光能，增加树体的有效体积。

（二）主要树形及整形技术

根据品种习性常采用两种树形，层性强的品种多采用主干疏散分层形，枝条稀疏、生长健壮的品种宜采用自然圆头形。

1. 主干疏散分层形

大多数品种在自然生长情况下常保持有中心干，主枝分布有明显的层次。树形特点是：干高 1 米左右，有中心干；主枝在中心干上分布成 3～4 层，第一层有主枝 3～4 个，第二层有主枝 2～3 个，第三层有主枝 1～2 个；树高 4～6 米，主枝层内距 30～40 厘米，层间距 60～70 厘米，各主枝上分布有侧枝 2～3 个，侧枝上分布结果枝组。各主枝要错落着生，互不干扰，各有向外延伸的空间，以利于透光通风。此树形适于密植柿园。

2. 自然圆头形

中心干生长弱，分枝多而树冠开张。树形特点是：干高 1.0～1.5 米，选留 3～8 个主枝或 12 个主枝，各主枝上留

2～3个侧枝,在侧枝上再培养结果枝组。该树形在开始时保留中心干,使主枝开张,以扩大树冠和增强树冠的骨架。以后中心干要重剪,留30～40厘米剪去。当树冠初步形成骨干枝时,剪除中心干,以利于通风透光,促使各级骨干枝分生小枝。内膛形成的直立枝和细弱枝适当短截,改造成有用的结果枝。如枝量多,可疏去一部分。该树形无明显层次,树冠开张,树体较矮,是一种普通的丰产树形。

(三)不同时期的修剪特点

1. 冬剪

(1)幼树期修剪:幼树生长旺,顶端生长势强,有明显的层性,分枝角度小。修剪的主要任务是培养好骨架,整好树形,选留好主侧枝,调整角度,平衡树势。中心干延长枝可适当短截,调整搭配好各类枝条的生长势及主从关系。要及时摘心,轻剪或不剪,增加枝条级次,促进分枝扩冠,促生结果母枝。与夏剪结合,培养枝组,为早结果、结好果打下基础。定干高度一般在1.0～1.5米,要适时定干。在主干上留5～6个饱满芽,剪口芽留在迎风向,防止被风吹断。注意选好主枝方向和角度,保持枝间均衡,要少疏多截,增加枝量。要冬、夏剪结合进行,枝条生长到40厘米左右时摘心,促进二次生长,增加枝条级次。在整个剪枝过程中要尽量轻剪,以培养好各类枝条。对枝条的处理,要根据品种特性进行。发枝力弱、枝条稀疏的品种,为了增加枝量,应以短截为主,尽量不疏枝。发枝多的品种要疏剪,当枝条长到 30~40 厘米时摘心,加快形成枝条级次,促进枝条转化,并培养为结果枝组。细弱枝要及时回缩更新,使养分集中,让枝条由弱转壮,并培养成紧凑型的结果枝组。在修剪过程中要依据整形为主、结果为辅的原则,树冠形式可灵活拿捏,但要树体结构合理才能完成修剪任务,达到早结果、早丰产的目的。

(2)盛果期树体的修剪:柿树定植 10 年后就进入盛果期。此时树体结构已形成,树势强,产量逐年上升,树冠向外扩展缓慢,随树龄的增加,内膛隐芽开始萌发新枝,出现自然更新现象。此时修剪的任务是培养内膛小枝,防止结果部位外移,注意通风透光。要疏缩结合,更新培养小枝,保持树势,延长结果年限。随树龄的增长、枝条的增多,树冠内膛光照条件逐渐变差,枝条下垂,内膛小枝衰弱,结果量渐少,自枯现象严重。根据此期的特点,为了维持结果年限,常以短截为主、疏缩结合,疏除密生枝、交叉枝、重叠枝、病枯枝等。对弱枝进行短截,营养枝长 20~40 厘米时可短截 1/2 或 1/3,以促使发生新枝,形成结果母枝。雄花树上的细弱枝多是雄花枝,应保留。对徒长枝,若有空间,可将其培养成结果枝组填补空间,如无空间可疏去。对连年结果枝和延伸的骨干延长枝、下垂衰弱枝进行回缩更新。结果母枝过多易造成大小年现象,应适当疏去一些,留下部分再短截1/3,让其抽生新枝作为预备结果枝,做到有计划地留结果枝量,减少隔年结果现象。盛果期及时更新是保持树势的关键。柿树结果枝寿命短,结果2～3年后便衰弱或死亡,所以要及时更新修剪。柿隐芽寿命长且萌发力强,可进行多次更新,如能保持树势稳定,可大大延长盛果期年限。

(3)衰老期树体的修剪:随着小枝和侧枝陆续死亡,树冠内部不断光秃,骨干枝后部发出大量徒长枝,出现自然更新现象。小枝结果能力减弱,隔年结果现象严重。修剪的原则是回缩大枝,促发更新枝,更新树冠,延长结果年限,以保持一定的产量。根据大枝先端衰弱、后部光秃的情况确定修剪方法,大枝重回缩,回缩5～7年,使新生枝代替大枝原头继续延长。上部落头要重缩,以减少上部生长点,控制消耗,打开光路,为内膛新枝生长创造条件;下部修剪要轻,以保持有一定数量的结果部位,维持产量。在回缩大枝时,应灵活拿捏,全树有几个衰老的大枝就回缩几个,但避免过重,防止后部抽生徒长枝。若不及时控制这类枝,后部易光秃,造成"树上树",起不到更新修剪的作用。内膛抽生的徒长枝,适时摘心、短截,压低枝位,以促生分枝,形成新的骨干枝或枝组,加速更新树冠,以尽早恢复树势和产量。对内膛小枝更新,应疏除过密枝和细弱的枝,保留的枝应摘心促使其强壮,培养为结果枝组。这样可以扩大结果部位,加快营养面积的形成,维持地上和地下部分的相对平衡关系,缩短更新周期,增强树势,提高产量。

(4)放任树的修剪:多年不管任其生长的树一般表现为

树体高大,骨干枝密集,枝细下垂,枯枝多,内膛光秃、衰弱,徒长枝多,开花少,产量低,品质差。根据以上情况,要有针对性地逐步进行修剪改造:大枝过多的树要分年疏剪大枝,所留大枝要分布均匀,互不干扰;树体太高要分年分期落头,改善下部光照条件,并促发新枝。采取疏剪与回缩相结合的方法,适当疏除过密枝、重叠枝、下垂枝,逐步抬高主枝角度,同时进行局部更新,并分期落头,充实内膛,使树体比较快地达到主体结果。先端已下垂的大枝,要在弯曲部位回缩,利用背上枝抬高角度,作为新枝头。对细弱小枝,应疏除过密枝,使养分集中,促进留下的小枝健壮生长。总之,不论大枝或小枝,在 1 年内疏截不宜过多,以免引起徒长,影响产量,注意一定要分年疏截各类枝。

2. 夏剪

夏剪的目的是促进花芽形成,改善光照条件,利于果实着色、增大,提高坐果率,提高品质,还可弥补冬剪不足之处。

(1)除萌芽或疏嫩枝:当树冠内膛或老枝上发生的新枝过密时,在 4 月下旬至 5 月下旬疏去一部分嫩枝或提早抹芽,以节约养分,促进生长和结果。当树体生长趋于衰弱时,结果母枝节间变短,上部结果枝密集一处,可在花期疏去几个结果枝,以防止落果,提高坐果率。

(2)摘心:幼树生长旺的徒长枝长到 30 厘米左右时,将枝条扭伤或拉伤,抑制其生长,促进花芽形成,或于 6 月份前后摘心。生长旺的发育枝在 5 月中旬留 20 厘米摘心,使二次枝当年即可形成花芽,成为翌年的结果母枝。如不控制引导,易前部旺长,后部光秃,影响通风透光。

(3)环剥:在开花中期对较强旺的柿树进行环剥,可防落花落果,提高坐果率。具体方法:在主干上进行环剥,可采用双半环上下错开的办法,两半环的间距 5~10 厘米,环剥宽度 0.5~1.0 厘米,宽度可视树干粗细而定。早期环剥可稍宽,晚期环剥可稍窄,但不要连年环剥,以免过度削弱树体。

(四)落花落果

1. 落花落果的原因

柿树对环境条件较为敏感,栽培管理技术不当易造成落花落果。一般生理落花落果期在终花期以后至 7 月上中旬,落花落果与品种、树势、树龄、地区、气候、肥水条件、花粉激素等有关。

(1)与品种的关系:有的品种本身生理落果较重,如绵柿约为 47%,大磨盘约为 45%,九月黄约为 85.7%,九月青约为 69.7%。这些品种在生理落果轻与重的年份,总产量可相差数倍甚至数十倍。因此,选择栽培品种很重要。

(2)与栽培管理的关系:常因栽培管理不当而造成大量落花落果。如有的柿园土壤不肥沃,又多年不施肥,致使树体营养不足,树势衰弱,使花芽营养供应不上,花器形成不健全,授粉受精不良等。

（3）与天气的关系：天气久旱无雨后突降大雨，土壤湿度变化幅度大，从而使已长好的果实产生离层而脱落。

（4）与病虫害的关系：病虫危害，尤其是柿蒂虫的危害而致落花落果严重。花期阴雨天多，光照不足，光合效率低，影响花、果着生；修剪过轻或不剪，枝叶过密，互相遮阳，通风透光条件差，无效枝叶多，影响有机营养的运输与分配，从而导致落花落果。

2. 防止落花落果的措施

（1）加强土肥水管理：科学合理地浇水施肥，保持土壤湿润，改善土壤理化性质，改善树体营养条件，增强树势，维持树体内正常的生理活动，提高坐果率。秋季基肥要施足，在果实膨大期，应按10∶3∶4的比例追施氮、磷、钾肥。可结合喷药同时进行叶面喷肥。

（2）花期环剥：花期是树体营养消耗最多的时期，为使营养物质充分供应新器官，使光合产物向下运输受阻，优先满足开花坐果的需要，提高坐果率，可于花期在主干或主枝上环剥，环剥的宽度以0.5厘米为宜，不宜太宽，宽了不易愈合。环剥后肥水管理一定要跟上，以免起反作用。

（3）夏剪：在生长期内疏去过密枝、无效枝，在迎风面多留枝，可起防风作用；在背风面少留些枝，以促进通风透光，使树体各部位合理分布。保证叶果比例适当，平衡生殖生长与营养生长的关系，可以有效地防止落花落果。

（4）花期喷赤霉素：赤霉素是生长调节剂，具有剂量低、效果显著等特点。在盛花期和幼果期各喷一次 0.05％赤霉素溶液和 1‰尿素溶液,自上向下喷,使柿蒂和幼果能充分接触药液。喷施赤霉素可以改善花和果实的营养状况,防止柿蒂与果柄产生离层,增加花和幼果对养分的吸收功能,刺激子房膨大,提高坐果率。在加 1‰尿素溶液的情况下,效果更显著。

(5)喷药:在 6 月上旬喷 50％敌敌畏 1 000 倍液,消灭柿蒂虫。

防止生理落花落果,必须依据柿园的具体情况采取相应的措施。

七 主要病虫害防治技术

（一）柿树病害及其防治技术

1. 柿炭疽病

柿炭疽病分布较广，山东、河北、河南、山西、陕西、江苏、浙江、广西等地均有发生。柿炭疽病主要危害果实、枝梢及苗木枝干，危害树叶的情况较少。果实受害后变红变软，提早脱落，枝条发病严重时，往往折断枯死。

（1）发病症状：果实在发病初期出现针头大小的深褐色至黑褐色斑点，病斑直径逐渐扩大到 5 毫米以上。病斑稍凹陷，近圆形，中部密生略呈环纹排列的灰黑色小粒点，即分生孢子盘。当气候潮湿时，从上面分泌出粉红色黏液状的分生孢子团。病菌侵染到皮层下，果肉形成黑硬的结块，1 个果实上一般发生 1~2 个病斑，也有多达十几个的，病果提早脱落。新梢染病最初出现黑色小圆点，后扩大成褐色椭圆形病斑，中部稍凹陷，纵裂，并产生黑色小粒点。病斑长达 10~20 毫米，病斑下面木质腐朽，所以病枝或苗木易从病斑处折断。嫩枝基部病斑往往绕茎 1 周，病部以上枯死。叶片上的病斑呈不规则形状，先自叶脉、叶柄变黄，后变为黑色。

(2)发病规律:病菌主要以菌丝体在枝梢病斑内越冬,也可在病干果、叶痕和冬芽中过冬。翌年初夏生出分生孢子,经风雨传播,侵染新梢及幼果,生长季节分生孢子可进行多次侵染。病菌可从伤口或表皮直接侵入。在北方果区,一般年份枝梢在 6 月上旬开始发病,雨季为发病盛期,后期秋梢可继续发病。果实多自 6 月下旬至 7 月上旬开始发病,直至采收期,发病重的 7 月中下旬开始脱落。炭疽病病菌喜高温、高湿,夏季多雨年份发生严重。病菌发育最适温度为 25 ℃左右,低于 9 ℃或高于 35 ℃不适合病菌生长发育。病害发生与树势也有关系,柿树管理粗放、树势衰弱易发病。

(3)防治方法:①加强栽培管理。合理施肥,勿过多施氮肥,防止徒长。②清除菌源。冬季剪除病枝,清除园内落果。在柿树生长期,应经常剪除病枝,摘拾病果,并将其烧毁或深埋,减少病菌传播。③苗木处理。引种苗木时,应除去病苗或剪去病部,并在 1∶4∶80 波尔多液或 20%石灰液中浸泡 10 分钟再定植。④喷洒药剂。6 月上中旬喷1∶5∶400 波尔多液,7~8 月份再酌情喷 1~2 次,防病效果良好,也可用 65%代森锌 500~700 倍液。发病严重的地区,可在发芽前喷 5 波美度石硫合剂药液。

2. 柿角斑病

柿角斑病在我国分布很广,从华北到西北山区,从江浙到两广沿海地区,四川、云南、贵州、台湾等柿产区到处可见。此病危害柿树的叶片和果蒂,造成早期落叶,枝条衰弱不成熟,果实提前变软、脱落,严重影响树势和产量。

(1)发病症状:叶片受害初期正面出现不规则形状的黄绿色病斑,边缘较模糊,斑内叶脉变为黑色。之后病斑逐渐加深成浅黑色,十余日后病斑中部褪成浅褐色。病斑扩展由于受叶脉限制,最后呈不规则多角形,病斑直径2~8毫米,边缘黑色,上面密生黑色小粒点,为病菌的分生孢子丛。病斑背面由淡黄色渐变为褐色或黑褐色,有黑色边缘,但不如正面明显,也有黑色小粒点,但较正面细小。病斑自出现至定型约需1个月。柿蒂病斑发生在蒂的四角,褐色,边缘黑色或不明显,形态大小不一。病斑由蒂的尖端向内扩展,蒂两面均可产生黑色小粒点,但背面较多。病情严重时,采收前1个月大量落叶,落叶后柿子变软,相继脱落,而病蒂大多残留在枝上。枝条因发育不充实,冬季容易受冻害而枯死。

(2)发病规律:病菌以菌丝在病叶、病蒂上越冬,翌年6~7月份在一定的雨量和温度条件下产生新的分生孢子,成为病害初次侵染的菌源。这些越冬的病残体一年中可以不断产生新的孢子,侵害叶片和果实,其中树上残留的病蒂是主要侵染来源和传播中心,病菌在病蒂上可以存活3年以上,因此病蒂在角斑病侵染循环中占重要地位。病菌分生孢子主要借雨水传播,自叶背气孔侵入,潜育期25~38

天。雨量对角斑病的发生和流行影响很大。河北、山东一带于8月份开始发生,到9月份可造成大量落叶,以后相继发生落果。发病和落叶的迟早与雨季早晚以及雨量的多少有密切关系,如5～8月份雨量大、降雨天数多,则落叶早。降雨晚、雨量较少的年份发病晚而轻。

(3)防治方法:①清除树上的病蒂及枯枝。发芽前彻底摘除树上的病蒂,剪去枯枝并烧毁。此工作如做得细致、彻底,在我国北部柿区可避免此病成灾。②喷药保护。北方柿区喷药保护的关键时间为6月下旬至7月下旬,即落花后20～30天,可用1∶5∶(400～600)波尔多液喷1～2次,也可以喷洒65%代森锌可湿性粉剂500～600倍液。南方果区因温度高、雨水较多,喷药时间应稍提前,可参考当地物候期,提早10天左右,喷药2～3次,药剂同北方用药。③加强栽培管理。增施有机肥料,改良土壤,增强树势。低湿果园注意排水,柿树周围不种高秆作物,以降低果园湿度,减少发病。

3. 柿圆斑病

柿圆斑病在我国河北、山东、河南、山西、陕西、四川、浙江等省都有分布,华北和西北山区发生普遍。该病会造成柿树早期落叶,柿果提早变红、变软、脱落,削弱树势,降低产量。

(1)发病症状:主要危害叶片,也侵染柿蒂。初期叶片出现大量浅褐色圆形小病斑,边缘不清,后期逐渐扩大呈圆形,深褐色,边缘黑褐色,病斑直径多数仅 2～3 毫米,病斑数目可达百余个甚至数百个。病叶逐渐变红,在病斑周围出现黄绿色晕环,其外围还往往出现一层黄色晕环。发病后期在叶背可见到黑色小粒点,即病菌的子囊壳。病叶从发病到变红脱落,最快只需 5～7 天。生长势弱的树病叶脱落较快,强健的树落叶时叶片常不变红。由于叶片大量脱落,柿果变红、变软,风味变淡,并迅速脱落。

(2)发病规律:子囊壳生于叶表皮下,近球形,黑褐色,以后顶端突破表皮,子囊丛生于子囊壳底部,内有 8 个子囊孢子。病菌以子囊壳在病叶上越冬。在我国北方,一般于翌年 6 月中旬至 7 月上旬子囊壳成熟,子囊孢子大量飞散,借风力传播,由叶片气孔侵入,经过 60～100 天的潜伏期,8 月下旬至 9 月上旬出现病斑,9 月底病害发展最快,10 月中旬以后逐渐停止。此病每年只侵染一次,在自然条件下不产生分生孢子,所以没有再次侵染的现象。圆斑病发病早晚和危害程度与病害侵染期的雨量有很大关系,如 6～8 月份雨量偏多,则发病严重。

(3)防治方法:①清除病菌。秋后彻底清扫落叶,集中烧毁,清除越冬菌源,可基本控制本病危害。②喷药保护。柿树落花后(约 6 月上旬),子囊孢子大量飞散以前,喷 1∶5∶(400～600)波尔多液,保护叶片。一般地区喷药一次即可,重病地区半月后再喷一次,基本上可以防止落叶、落果,也可以喷 65% 代森锌 500 倍液。

4. 柿白粉病

此病在河南东部及陕西柿产区发生普遍,往往引起秋季叶片提早脱落,削弱树势和降低产量。

(1)发病症状:夏季危害幼叶,形成近圆形的黑斑,直径1～3毫米,背面呈淡紫色。秋季在老叶的背面出现白粉病斑,开始有直径1～2厘米的圆斑,以后迅速蔓延并融合成大片,有时甚至整个叶背都盖有白粉,这就是病菌的菌丝层、分生孢子梗及分生孢子。后期在白粉层中出现许多黄色小颗粒,并逐渐变为褐色至黑色,为病菌的闭囊壳。

(2)发病规律:分生孢子呈倒圆锥形或乳头状,无色、单胞。闭囊壳呈扇形,黄色至黑褐色,外围具有针状轮生附属丝,基部呈球形膨大。闭囊壳内生有多个卵形的子囊,每个子囊有两个子囊孢子。病菌以闭囊壳在落叶上过冬。分生孢子的寿命很短,一般只能存活3～7天,因此不能越冬。翌年4月份柿树萌芽时,落叶上的子囊孢子成熟释放,经气孔侵入幼叶,然后再产生分生孢子,在当年进行多次侵染。

(3)防治方法:冬季清扫落叶并烧毁,消灭越冬菌源。在春季展叶和春梢生长期子囊孢子大量飞散之前,喷0.2～0.3波美度石硫合剂药液,并在6～7月间喷洒1∶5∶400波尔多液,也可喷25%粉锈宁可湿性粉1 500倍液,预防秋季发病。

5. 柿黑星病

柿黑星病在河南、陕西发生,危害柿树的新梢和果实。

在苗木上主要侵害幼叶和新梢,影响苗木正常生长,大树可引起落叶、落果。对作砧木的君迁子危害也较重。

(1)发病症状:叶片上的病斑呈圆形或近圆形,直径2~5毫米,褐色。病斑边缘有明显的黑色界线,外侧还有2~3毫米宽的黄色晕环。病斑背面有黑霉,即病原菌的分生孢子丛。老病斑的中部常开裂,病组织脱落后形成穿孔。如果病斑出现在中脉或侧脉上,可使叶片发生皱缩。病斑多时,病叶大量提早脱落。叶柄及当年新梢受害后,形成椭圆形或纺锤形凹陷的黑色病斑,其中新梢上的病斑较大,最后病斑中部发生龟裂,形成小型溃疡。果实上的病斑与叶上的病斑略同,但稍凹陷,病斑直径一般为2~3毫米,大时可达7毫米。萼片被害时产生椭圆形或不规则形的黑褐色斑,直径大小为3毫米左右。

(2)发病规律:病菌的分生孢子梗丛生,圆柱形,极少分枝,淡褐色。分生孢子长圆形或纺锤形,单胞,黑褐色。病菌以菌丝在病梢上的病斑内越冬,此外在残留在树上的病柿蒂上也能越冬。翌年4~5月份病部产生大量分生孢子,经风雨传播,侵入幼叶、幼果和新梢,潜育期7~10天,病菌在生长期中可以不断产生分生孢子,进行多次再侵染。6月中旬以后可以引起落叶,夏季高温时停止发展,至秋季又危害秋梢和新叶。君迁子最易感病。

(3)防治方法:结合修剪,剪去病枝和病柿蒂,并集中烧毁,以清除越冬菌源。柿树发芽前喷一次5波美度石硫合

剂药液,或在新梢有五六片新叶时喷布 0.3 波美度石硫合
剂药液。防治其他病害时,也可以兼治。

6. 柿叶枯病

柿叶枯病分布于江苏、河南、湖南、江西、浙江、云南、广
东、广西等地,主要危害叶,其次危害枝条和果实,发病重时
叶片提早脱落。

(1)发病症状:叶片上的病斑初期为近圆形或多角形、
浓褐色斑点,后逐渐发展成为灰褐色或灰白色、边缘深褐色
的较大病斑,直径 1～2 厘米,并有轮纹。后期叶片正面病
斑上生出黑色小粒点,即分生孢子盘。果实上病斑暗褐色,
呈星状开裂,后期也生出分生孢子盘。

(2)发病规律:分生孢子梗集结于分生孢子盘内,孢子
梗无色,细短。分生孢子呈倒卵形或纺锤形,孢子顶端有 3
根鞭毛。病菌以菌丝及分生孢子在病组织内越冬。6 月份
分生孢子经风雨传播开始发病,7～9 月份为盛发期。气候
干旱、土壤干燥时发病较重。病菌发育的最适温度为
28 ℃,在 10 ℃以下、32 ℃以上时停止发育。

(3)防治方法:参考柿角斑病和柿圆斑病。

7. 柿褐纹病

此病在福建省柿产区发病较重,主要危害叶片,常造成
早期落叶,树势衰弱,降低产量。

(1)发病症状:被害叶由叶尖及叶缘开始产生淡绿色病
斑,逐渐扩展到 2～3 厘米。病斑轮纹状,边缘为波浪形,湿

度高时病斑上产生灰色霉层,最后叶片干枯或腐烂脱落。分生孢子梗丛生,暗褐色,顶端有 1～2 个分枝,顶端圆,其上簇生分生孢子。分生孢子无色、单胞,短椭圆形,有乳头状突起,在培养基上可形成菌核。

(2)发病规律:病菌以菌丝、菌核及孢子在病斑上越冬。翌年 5 月份开始发病,侵染新叶,6 月下旬至 7 月上旬发病最重,8～9 月份即大量落叶。病菌在 2～31 ℃均可发育,23 ℃左右发育最好,在此温度下菌核形成良好,5 ℃以下和28 ℃以上几乎不可能形成菌核。

(3)防治方法:秋季清园,烧毁枯枝落叶,减少越冬菌源。翻耕土壤,施有机肥,增强树势。排除积水,降低柿园湿度。柿树展叶时,树上喷 1:4:400 的波尔多液 2 次,间隔 10 天,或用 70% 甲基硫菌灵可湿性粉剂、75% 百菌清可湿性粉剂 800～1 000 倍液喷雾。

8.柿蝇污病

柿蝇污病发生于南方柿产区果实近成熟期,在果面上出现黑色斑块,影响果实外观,降低商品价值。

(1)发病症状:果面上发生黑色小粒点,后形成斑块,形状不规则。果皮、果肉不受害,果面上的黑斑能够擦去。柿蝇污病由蝇污菌所致,果面上的黑点为病菌的分生孢子器。分生孢子器呈球形、半球形或椭圆形,黑色,发亮。病菌在枝条上过冬,多在 6～9 月份发病,高温多雨季节或低洼潮湿的果园发病较重。

（2）防治方法：合理修剪，加强果园通风透光。注意排水，降低园中的湿度，可减轻发病。在病害发生期，喷布1∶4∶400的波尔多液。

9. 柿煤污病

柿煤污病的症状是在柿树的叶片和枝条上布满一层黑色霉状物，影响果树的光合作用。

黑色的霉状物由龟蜡蚧等介壳虫排出的黏液诱发煤污病病菌大量繁殖所致。此病菌在病叶、病枝上过冬，黑霉能被暴雨淋洗掉。

秋季清扫落叶，集中沤肥或烧毁，及时防治龟蜡蚧等介壳虫。

10. 柿胴枯病

柿胴枯病又名柿干枯病，危害树干和枝梢，多发生于5年以下的幼龄树。

病树枝干皮孔粗大，木质部有黑色花纹，韧皮部变为浅褐色。病树发芽较晚，抽梢缓慢，叶片细小，叶片与果实易脱落，重者枝条或整株死亡。此病菌是一种弱寄生菌，能在死亡的寄主组织上继续生长发育。病菌孢子器近球形，分生孢子单胞，有两种类型：一是纺锤形或长椭圆形，另一种是丝状。该病是树势衰弱后，弱寄生菌侵染所致。造成树势衰弱的原因较多，如土壤条件差、肥水不足、砧木亲和性差、低温冻害以及其他病害造成早期落叶等。树势衰弱后被病菌侵染，树势不易恢复。冬季低温，遇冻害果树容易死亡。

加强肥水管理,增强树势,提高抗病力,及时防治易造成早期落叶的病害。

11. 柿白纹羽病

白纹羽病在我国分布广泛,寄主种类多,可危害苹果、梨、桃、李、柿、板栗、葡萄等多种果树。果树染病后,树势衰弱,产量下降,重者枯死。

(1)发病症状:病菌危害根系,初期细根腐烂,以后逐渐扩展到侧根和主根。病根表面附有白色或灰白色丝网状物,即根状菌丝。后期病根的外部组织全部坏死,有时在病根木质部生有黑色圆形菌核。地面根颈部出现白色或灰褐色的绒布状物,即菌丝膜。有时生出小黑点,即病菌子囊壳。病菌无性时期形成孢梗束及分生孢子,分生孢子呈卵圆形,单胞,无色。有性时期形成子囊壳,但不常见。菌核在腐朽的木质部形成,黑色,近圆形,大小不一,直径1毫米左右,最大达5毫米。病菌以菌丝体、根状菌丝或菌核随病根在土壤中过冬,环境条件适宜时,菌核或根状菌丝长出营养菌丝,先侵害细根,以后逐渐侵害粗根。病菌能侵害多种树木,旧林地或苗圃地改建的果园发病严重。远距离传播主要靠带菌的苗木。

(2)防治方法:①加强栽培管理,注意排水。合理施肥,氮、磷、钾比例要适当,勿偏施氮肥,适当增施钾肥,可提高抗病能力。合理修剪,增强树势。②选无病苗木。建园时应严格检验,选无病壮苗。当地如有此病,应用10%硫酸铜溶液、20%石灰水或70%甲基硫菌灵500倍液浸苗1小时,然后栽植。③挖沟隔离。在病树或病区外围挖1米以上深沟进行封锁,防止病害向四周扩大蔓延。

12. 细菌性根癌病

此病分布于辽宁、河北、山西、山东、河南、陕西、湖北、安徽、江苏、浙江等地,多发生在老果园,能危害多种果树。

(1)发病症状:主要在根系上形成坚硬的木质瘤,其直径1~4厘米,数目为一两个到十余个。苗木受害后生长缓慢,植株矮小,叶片易卷起。成年树受害后,树势衰弱,果实小,易受冻害。病菌呈短杆形,周生14根鞭毛。病菌在癌瘤组织和土壤中越冬,靠雨水和灌溉在土壤中传播,地下害虫危害也能传播。病菌从伤口侵入,刺激周围细胞加速分裂而形成瘤状组织。病菌从侵入到发病的潜伏期为数周至1年,远距离传播主要靠带菌的苗木。土壤湿度高有利于病菌活动和侵染,排水不良的果园发病多。碱性土壤有利于发病,pH 6.2~8.0适合病菌生存。

(2)防治方法:①苗木出圃时,检查根部,有病瘤的予以淘汰。其他苗木也要进行消毒,将嫁接口以下的根部浸入1%硫酸铜溶液中5分钟,然后再放入2%石灰水中浸1分钟。②选无病地块作苗圃,避免用老苗圃地、老果园作育苗地。③碱性土壤应适当增施酸性肥或有机肥,以改变土壤pH,使之不利于病菌生长。④耕作时避免伤根并及时防治地下害虫，以免造成伤口而使病菌侵入。

13. 柿疯病

柿疯病主要发生在河北、山西、河南太行山柿产区，其他产区也有发生。柿树患病后，生长异常，枝条直立徒长，冬季枝梢焦枯，结果少，果实畸形、提前变软脱落，重病树不结果甚至死亡。

（1）发病症状：柿疯病病菌为寄生于植物输导组织内的厌氧细菌，即类立克次氏体细菌，形态上不同于一般的植物病原细菌，个体也较一般细菌小。主要症状：①枝条大量死亡，徒长枝大量萌发，病枝在冬春季死亡，枝条枯死后由基部不定芽、隐芽萌生新梢，丛生，徒长，形成"鸡爪枝"。重病树新梢长至4～5厘米时萎蔫死亡，新梢停止生长早，落叶约比健树早1周。②病树或病枝发芽迟，展叶抽梢缓慢，现蕾晚，一般较健树晚10天左右。③病树开花少，结果母枝上的结果枝和结果枝上的花数均少于健树，如健树每个枝有5朵花，而病树仅1～2朵。④病枝表皮粗糙，质脆易断，纵剖木质部有黑色纵短条纹，6月上旬至7月上旬发展较快，到10月上中旬已有90%以上枝条木质部变黑。病株叶变成黑褐色，5月下旬发展最快，到8月上旬几乎全部叶片叶脉变黑。病叶多凹凸不平，叶大而薄，质脆。病果畸形，果面凹凸不平，柿果为橘色时，凹陷处仍为绿色；柿果变红后，凹陷处最后也变红，但此处果肉变硬。病果提早变软脱落，柿蒂留于枝上。

（2）防治方法：①改善水肥条件，增强树势。早春发芽前和雨季各刨一次树坪，改善土壤理化性质。春季结合刨树坪，每株环施粗肥 75～150 千克、尿素 1 千克、过磷酸钙 2.5 千克，施后浇水，覆土保墒。花期喷布 0.2%～0.3% 硼砂溶液，可提高坐果率。②合理修剪。冬季修剪时，过高（超过 7 米）的树落头，过多的骨干枝逐年疏除，主侧枝回缩复壮，疏除干枯、细弱、下垂枝，保留健壮的结果母枝，以恢复树势。当年萌发的徒长枝，为了节约营养，促进转化，应在 5 月底到 6 月上旬进行夏剪，无用的全部疏除，有空间的留 20～30 厘米进行短截，促生分枝，培养成结果枝组。③除虫防病。传病的媒介昆虫，如斑叶蝉、斑衣蜡蝉等要及时防治，以免扩大传播。造成早期落叶的多种病害应认真防治，以保叶片完好，增强树体抗病力。④药物防治。用抗生素防治，可在树干上打孔，灌注青霉素或四环素溶液，降低果实畸变率。河北省果树研究所的试验表明，每株用青霉素 6 克果实畸变率为 20%，每株用青霉素 10 克果实畸变率为 11%，每株用四环素 6 克畸变率为 14%，每株用四环素 10 克畸变率为 13%，不施药者畸变率一般为 80%～90%，说明药物防治有一定效果。所用青霉素为每克 80 万国际单位，四环素每克 25 万国际单位，每次加水 500 毫升。⑤进行检疫。严禁从疫区引进柿苗和接穗，疫区繁育苗木要从无病区或健树上采集接穗。

(二)柿树虫害及其防治技术

1. 柿蒂虫

柿蒂虫又叫柿实蛾,分布于河北、山西、山东、河南、陕西、安徽、江苏等省柿产区。幼虫在果实贴近柿蒂处危害,被蛀食的柿子早期变软、脱落。在多雨年份,常造成严重减产,是危害柿果的重要害虫。

柿蒂虫每年发生 2 代,以老熟幼虫在树皮裂缝下结茧过冬。在河南柿产区,越冬幼虫于 4 月中下旬化蛹。越冬代成虫 5 月上旬至 6 月上旬出现,盛期在 5 月中旬。卵 5 月中旬至 6 月中旬出现。5 月下旬第一代幼虫开始危害,6 月下旬至 7 月上旬幼虫老熟。此代老熟幼虫一部分在被害果内,一部分在树皮裂缝中结茧化蛹。第一代成虫 7 月下旬羽化,盛期在 7 月中旬,卵 7 月上旬至 8 月上旬出现,幼虫 7 月下旬开始危害,8 月下旬为盛期,直至采收。8 月下旬以后幼虫陆续老熟,脱果越冬。

柿蒂虫成虫白天静伏在叶片背面或其他部位阴暗处,夜间活动、交尾、产卵。卵多产在果梗与果蒂缝隙处、果梗上、果蒂外缘及叶芽两侧。卵散产,每头雌虫能产卵 40 粒左右。卵期 5~7 天,第一代幼虫孵化后,多自果柄蛀入果内危害,并在果蒂与果实相接处用丝缠连,粪便排于蛀孔外。1 头幼虫危害 4~6 个幼果,被害果由绿色变为灰褐色,而后干枯。由于被害果有丝缠连,故不易脱落,挂在树上。第二代幼虫一般在柿蒂下危害果肉,被害果提前变红变软,并易掉落。在多雨高温天气,幼虫转果较多,柿子受害严重。

防治方法:①刮树皮。冬季至柿树发芽前,刮去枝干上的老粗皮,集中烧毁,可以消灭越冬幼虫。如果刮得仔细、彻底,效果显著。一次刮净可以数年不刮,直至再长出粗皮时再刮。②摘虫果。要掌握好时间,中部地区在幼虫害果期,第一代6月中下旬、第二代8月中下旬,各摘虫果2～3遍。要摘得彻底,必须将柿蒂一起摘下,以消灭留在柿蒂和果柄内的幼虫,可收到良好的效果。如果第一代虫果摘得干净,可减轻第二代危害。当年摘得彻底,可减少翌年的虫口密度和危害。③树干绑草环。8月中旬以前,即老熟幼虫进入树皮下越冬之前,在刮过粗皮的树干、主枝基部绑草环,可以诱集老熟幼虫,冬季解下烧毁。④药剂防治。5月中旬和7月中旬两代成虫盛期喷90%敌百虫、50%马拉硫磷、50%敌敌畏、40%乐果、30%桃小灵或50%杀螟松等1 000倍液或菊酯类农药3 000倍液,每代防治1～2次,效果良好。

2. 柿绵蚧

柿绵蚧又叫柿绒蚧,分布于河北、河南、山东、山西、陕西、安徽、广西等地。若虫和成虫危害幼嫩枝条、幼叶和果实,最喜欢群集在果实与柿蒂相接的缝隙处危害。被害处初有黄绿色小点,以后逐渐扩大成黑斑,使果实提前变软、脱落,影响产量和品质。

柿绵蚧在山东1年发生4代,在广西1年发生5~6代,以被有薄层蜡粉的初龄若虫在三四年生枝条的皮层裂缝、当年生枝条基部、树干的粗皮缝隙及干柿蒂上越冬。在山东,4月中下旬出蛰,爬到嫩芽、新梢、叶柄、叶背等处吸食汁液,以后在柿蒂和果实表面危害,同时形成蜡被,逐渐长大分化为雌、雄两性。5月中下旬变为成虫交尾,雌虫体背面逐渐形成卵囊,并开始产卵,随着卵不断产出,虫体逐渐向前方缩小。雌虫寄生在果上的产卵最多,可达300粒左右;寄生在叶上的次之;寄生在枝上的较少,为100粒左右。卵期12~21天。1年中各代若虫出现盛期为:第一代6月上中旬,第二代7月中旬,第三代8月中旬,第四代9月中下旬。各代发生不整齐,互相交错。前两代主要危害柿叶及一二年生枝条,后两代主要危害果果,第三代危害最重。嫩枝被害以后,轻则形成黑斑,重则枯死。叶片被害严重时畸形,提早脱落。幼果被害容易落果,柿果长大以后由绿变黄、变软,虫体固着部位逐渐凹陷、木栓化,变黑色,严重时能造成裂果,对产量、质量都有很大影响。枝多、叶茂、皮薄、多汁的品种受害严重。柿绵蚧的主要天敌有黑缘红瓢虫和红点唇瓢虫等。

防治方法:①越冬期防治。春季柿树发芽前喷一次5波美度石硫合剂(加入0.3%洗衣粉可增加展着性)或5%柴油乳剂,防治越冬若虫。②出蛰期防治。4月上旬至5月初,柿树展叶后至开花前,越冬虫已离开越冬部位,但还未形成蜡壳,是防治的有利时机。使用 40％乐果、50％马拉硫磷 1 000 倍液或 50％乙酰甲胺磷、40％速扑杀 1 500 倍液,周密细致地喷雾,效果很好。如前期未控制住,可在各代若虫孵化期喷药防治。③保护天敌。当天敌发生量大时,应尽量不用广谱性农药,以免杀害黑缘红瓢虫和红点唇瓢虫等天敌。④注意接穗质量。不引用带虫接穗,有虫的苗木要消毒后再栽植。

3.龟蜡蚧

龟蜡蚧分布于河南、河北、山东、山西、陕西等省,除危害柿树外,还危害枣、梨等果树。若虫和成虫群集枝叶上危害,造成树势弱,枝条枯死,降低产量和品质。

龟蜡蚧 1 年发生 1 代,以受精雌成虫密集在一年生小枝上越冬。在河南新郑,越冬雌成虫 3～4 月开始取食,4 月中下旬虫体迅速增大,5 月底 6 月初开始产卵,6 月中旬为产卵盛期,7 月中旬为产卵末期。每头雌虫产卵 1 500～2 000 粒,卵期 18 天左右。6 月中下旬开始孵化,幼虫达到一定数量时从母壳中爬出。6 月下旬到 7 月上旬是出壳盛期,7 月底是末期,幼虫群体出壳时间长达 40 天之久。孵化出壳期,不同年份有差异,早的年份盛期在 6 月中下旬,晚的年份延迟到 7 月上中旬。不同地势对出壳早晚也有影响,岗地早,低湿地晚,在夏季防治时应掌握这些特点。初孵化的幼虫活动能力较强,但远距离传播主要借助风力。若虫在叶正面嫩梢上固定取食,发育至 7 月底 8 月初,可以从外形上区分雌雄。雄虫羽化盛期在9月下旬,交尾以后死亡。雌虫危害到9月上中旬,大量从叶上转移到小枝上继续危害,虫体逐渐增大,蜡壳增厚,11月中旬越冬。

防治方法:根据龟蜡蚧的发生特点,防治的有利时期是雌成虫越冬期和夏季若虫前期(若虫出壳后至长满蜡壳之前)。防治时人工与药剂防治相结合,并注意保护自然界害虫的天敌。①越冬期防治。从冬季至翌年3月份进行,剪除有虫枝梢并烧毁,危害严重的树可以人工刮除枝上的越冬虫。冬季雨雪天气,树枝上结冰,应及时敲打树枝,将冰凌连同虫体震落。如果龟蜡蚧发生普遍,可在11月份或发芽前喷5%柴油乳剂,防治效果很好。②生长期防治。7月份卵孵化出的若虫爬出母壳后喷40%氧化乐果乳油1 000倍液,或25%亚胺硫磷乳油400～500倍液,或30%害扑威乳油300～400倍液,效果都很好。发生量大时,应在若虫出壳盛期和末期各喷一次。③保护利用天敌。龟蜡蚧的天敌主要有红点唇瓢虫和龟蜡蚧跳小蜂等,应注意保护利用。

4.草履蚧

草履蚧又名草履硕蚧,在河南、河北、山东、山西、陕西、江苏、江西、福建等地均有分布。此虫寄主较杂,可以危害多种果树和林木。若虫和雌成虫将刺吸式口器插入嫩芽和嫩枝吸食汁液,致使树势衰弱、发芽迟、叶片瘦黄、枝梢枯死,危害严重时造成早期落叶、落果,甚至整株死亡。

该虫1年发生1代,以卵在根颈附近的土缝中成堆越冬,靠近沟边或梯田边的柿树发生较多。卵在 1、2 月份孵化为若虫,一般向阳处孵化较早,有的地方 12 月份即有若虫出现。初孵化的若虫在卵壳附近停留数日,气温较高的中午,部分若虫沿树干往返爬行,晚间群集在树杈、树洞里。若虫出蛰上树危害期,由于越冬场所温度不同而早晚不一,差异长达 1 个多月。在河南一带,一般 2 月上旬开始上树,2 月下旬大量上树,3 月下旬结束。若虫上树时间多集中于午前 10 时至午后 2 时,上树后多集中于嫩枝和芽旁吸食汁液,天暖时爬行活跃,天冷时静止不动。4 月份危害最严重,4 月上旬若虫第一次脱皮后,虫体增大,开始分泌蜡粉,第二次脱皮后雌雄分化。雄若虫 4 月下旬爬到树皮缝、树洞等隐蔽处,分泌绵状白色蜡毛化蛹,5 月中旬变为成虫,成虫寿命数小时至 10 天。雌若虫经过第三次脱皮后,于 5 月上旬变为成虫,仍在树上危害,交尾以后于 5 月中下旬潜入根际土缝、石缝、杂草堆中产卵,5 月底 6 月初产完卵即死亡。以卵越夏和越冬。

防治方法:①清除虫源。秋冬季结合果树栽培管理,如翻树盘、施基肥等措施,挖除土缝中、杂草下及地堰等处的卵块并烧毁。②树干涂粘虫胶环。于 2 月份在草履蚧若虫上树前,在树干离地面 60～70 厘米处刮去一圈老粗皮,涂抹 1 圈 10～20 厘米宽的粘虫胶。若虫上树时,被胶黏着而死。在整个若虫上树时期,应绝对保持胶的黏度,注意检查,若发现黏度不够或上边粘的死虫太多,应再涂一遍,一般需涂 2～3 次。在粘胶下边的若虫,可人工捕杀、火烧,或用 50％马拉硫磷、40％乐果 500 倍液喷雾杀灭。③药剂防治。如果若虫已经上树,可于 3 月下旬喷下列药液,有一定效果:50％马拉硫磷 800 倍液、40％氧化乐果 800 倍液、40％速扑杀 1 500 倍液、25％喹硫磷 1 500 倍液。④保护天敌。红环瓢虫和暗红瓢虫发生时,注意保护。

5.柿长绵蚧

柿长绵蚧分布于河南、河北、山东、江苏等地,成虫和若虫吸食柿树嫩枝、幼叶和果实的汁液,影响产量和品质。

柿长绵蚧 1 年发生 1 代,以若虫在枝条上和树干皮缝中过冬。在河南于 4 月份出蛰,转移到嫩枝、幼叶及幼果、柿蒂上吸食汁液。被害部位初为黄色,逐渐变为褐色。此后雄虫化蛹,于 4 月底 5 月初变为成虫,雄虫交配后死亡。雌成虫转移到叶片背面危害,分泌白色棉絮状物,形成白色带状卵囊,产卵于其中。每个雌虫可产卵500～1 000 粒,卵期约 20 天。若虫孵化后爬出卵囊,在叶背沿叶脉及叶缘取食危害。10～11 月若虫转移到枝干的老皮裂缝中越冬。

防治方法:若虫越冬量大时,可于初冬或发芽前喷一次 3～5 波美度石硫合剂或 5％柴油乳剂,毒杀若虫。6 月上中旬,若虫孵化出壳后,喷洒 40％氧化乐果乳油或 50％敌敌畏乳油 1 000 倍液,或 50％马拉硫磷乳油 800 倍液。注意保护天敌。

6. 柿斑叶蝉

柿斑叶蝉又名血斑小叶蝉,分布于河北、河南、山东、山西、陕西、江苏、浙江、四川等省柿产区,发生普遍。若虫和成虫聚集在叶片背面刺吸汁液,使叶片出现失绿斑点,严重时叶片苍白,中脉附近组织变褐,以致早期落叶。

柿斑叶蝉1年发生3代,以卵在当年生枝条皮层内越冬。4月中下旬越冬卵开始孵化,第一代若虫期近1个月。5月上中旬越冬代成虫羽化、交尾,次日即可产卵。卵散产在叶片背面靠近叶脉处,卵期约半天。6月上中旬孵化出第二代若虫,7月上旬第二代成虫出现,以后世代交替,常造成严重危害。柿斑叶蝉若虫孵化后先集中在枝条基部、叶片背面中脉附近,不太活跃,长大后逐渐分散。若虫及成虫喜在叶背中脉两侧吸食汁液,致使叶片呈现白色斑点。成虫和老龄若虫性情活泼,喜横着爬行,成虫受惊动即飞起。

防治方法:在第一、二代若虫期防治此虫,效果良好。药剂可用40%乐果乳油1 500倍液,或50%敌敌畏、50%马拉硫磷1 000倍液,或25%扑虱灵可湿性粉剂1 000~1 500倍液(此药对鱼有毒,靠近鱼塘的果园不可用)。

7. 柿星尺蠖

柿星尺蠖又叫大头虫,分布于河北、河南、山西、陕西、四川、安徽等地。幼虫大量危害柿叶,严重时可将柿叶全部吃光,导致柿树不能结果,严重影响树势和产量。

柿星尺蠖1年发生2代,以蛹在土块下或梯田石缝内越冬。5月下旬开始羽化,直至7月中旬为止,6月下旬到7月上旬为羽化盛期。成虫于6月上旬开始产卵,6月中旬孵化。第二代成虫在7月末至9月上旬羽化,卵在8月上旬孵化,9月上中旬幼虫老熟入土,至10月上旬全部化蛹。成虫白天静伏在树上、岩石、杂草丛中以及附近的农作物上,晚间活动,产卵于柿叶背面,排列成块,每块50粒左右。1头雌虫能产卵200~600粒,卵期约8天。初孵化幼虫在柿叶背面啃食叶肉,但不会把叶片吃透。长大后分散在树冠上部及外围取食,虫口密度大时,可将树叶全部吃光,不仅影响结果,还会造成死树。幼虫老熟后吐丝下坠,在寄主附近疏松、潮湿的土壤中或阴暗的岩石下化蛹。

防治方法:晚秋结冻前和早春解冻后,在树下土中、地埂等处挖除越冬蛹。幼虫发生初期,3龄以前喷下列药剂:50%杀螟松、90%敌百虫、50%敌敌畏、50%辛硫磷、40%氧化乐果1 000倍液,也可使用2.5%溴氰菊酯3 000倍液,或25%灭幼脲3号悬浮剂2 000倍液,或苏云金杆菌500倍液。

8. 木橑尺蠖

此虫分布于河北、河南、山西、陕西等地,寄主较杂,除危害柿树以外,还取食多种果树、林木、农作物、杂草等。幼虫危害柿叶,严重时可将叶片吃光。

木橑尺蠖1年发生1代,以蛹在树下土中、石块下或杂草丛中过冬。6~8月份陆续羽化,7月中下旬为羽化盛期。

成虫白天静伏于树叶、树干、草地或石块上,夜间活动、交尾、产卵。卵产在树皮缝内,块状,被以雌蛾尾端鳞毛,每头雌虫产卵约 2 000 粒。卵经 9～11 天孵化为幼虫,爬到近处叶上危害,2 龄以后分散取食。幼虫个体活动期为 40 天,但由于成虫发生期不整齐,幼虫危害期很长,7～10 月份危害性很大。

防治方法同柿星尺蠖。

9. 舞毒蛾

又叫柿毛虫,分布于黑龙江、辽宁、河北、山东、河南、山西、陕西、新疆等地。舞毒蛾食性较杂,可危害多种果树,幼虫咬食叶片,使树势衰弱。

舞毒蛾每年发生 1 代,以卵块在树干缝隙或梯田堰缝、石块下过冬。此虫在山区发生较多,平原发生较少。在华北约 4 月下旬柿树发芽时开始孵化,向阳面较背阴面孵化早。初孵化的幼虫群集于叶背,白天静止不动,夜间取食。幼虫受惊则吐丝下垂,借风力传播、扩散,俗称"秋千毛虫"。二龄幼虫白天下树,在树皮缝或树下土缝、石缝中隐藏,傍晚成群上树取食,天亮时又爬回树下隐蔽。成长的幼虫有较大的迁移力。幼虫在 5 月份危害最重,6 月上中旬老熟,爬至树下杂草丛中及其他隐蔽场所化蛹。成虫羽化期为 6 月中旬至 7 月上旬,6 月下旬最盛。成虫羽化后多在离地面 0.3 米左右的梯田地堰缝中交尾产卵。雌成虫不大活动,雄成虫活泼,白天在园内飞舞,故有"舞毒蛾"之称。成虫有较强的趋光性。

防治方法：①捕杀成虫,收集卵块。成虫羽化盛期,用黑光灯诱杀,或在树干附近、地堰缝处捕杀成虫。秋冬季结合冬耕修堰,收集卵块,将卵块放于笼内,笼置于水盆中,让寄生蜂羽化后飞回果园,而害虫则闷死笼内。②诱杀幼虫。利用幼虫白天下树隐藏的习性,在树下堆积乱石引诱幼虫入内,然后扒开石堆将其杀死。也可利用幼虫白天下树、晚间上树均需爬经树干的特点,在树干上用50%对硫磷100倍液或2.5%溴氰菊酯300倍液涂60厘米宽的药环,使幼虫经过时触药中毒死亡。药环每涂一次可保持药效约20天,连涂两遍即可消灭害虫,保护树木不致受害。③喷药防治。如幼虫发生量大,可在树上喷药,用苏云金杆菌500倍液、25%灭幼脲3号悬浮剂2 000倍液、50%敌敌畏1 000倍液或50%辛硫磷1 500倍液防治。

10. 柿梢鹰夜蛾

柿梢鹰夜蛾在我国南北方均有发生,幼虫吐丝缠卷柿树苗木和幼树新梢顶部叶片成苞,在内取食嫩叶,造成枝梢枯秃,降低苗木质量,影响幼树生长。

柿梢鹰夜蛾1年发生2代,以蛹在土中越冬。5月下旬至6月上旬羽化,产卵于叶背、叶柄或芽上,孵化后吐丝将嫩叶黏连,在其中取食,逐渐向下转移。幼虫遇惊扰进退迅速,吐丝下垂或坠地爬离。幼虫约经1个月老熟入土做蛹室化蛹。7月份羽化,成虫白天潜伏在杂草或树木叶背,夜晚活动,成虫飞翔能力不强。8月份发生第二代幼虫,9月中旬以前入土越冬。

防治方法:虫口密度不大时,可人工捕杀幼虫。虫口密度大时,可用20%杀灭菊酯2 000倍液、2.5%溴氰菊酯3 000倍液、50%敌敌畏1 500倍液或25%灭幼脲3号悬浮剂2 000倍液防治。

11. 杨裳夜蛾

此虫分布于东北、华北地区及河南、陕西、宁夏、新疆、浙江等地。幼虫危害柿、枣、杨、柳等树木的叶片,特别是大龄期幼虫暴食树叶,造成树叶残缺不全。

杨裳夜蛾1年发生1代,以幼虫越冬。翌年4~5月份越冬幼虫开始活动,成虫7~8月份出现。幼虫暴食叶片,老熟后在树干上结茧化蛹。

防治方法参考柿梢鹰夜蛾。

12. 柿花象

此虫分布于陕西、四川、甘肃等地。成虫和幼虫危害柿花和幼果,严重时柿花受害率可达80%,造成大量落花、落果。

柿花象1年发生1代,以成虫在落叶、杂草及土块下过冬,翌年柿树初花时出蛰上树。待柿树开花时产卵于花托,幼果期产卵于萼片与果面缝隙处。幼虫孵化后蛀入子房,危害数日后被害果脱落,幼虫继续在落果中取食十余天,然后钻出化蛹。6月下旬至7月上旬成虫羽化,在柿萼片上取食,咬成孔洞,或在两叶重叠中间取食叶肉使之呈筛孔状。一直危害到10月份,下树越冬。成虫有趋光性,受惊坠落,善于飞翔。寿命长达12个月,只在柿花、幼果期产卵,其他时间补充营养。

防治方法:利用成虫假死性,在树下铺塑料膜,摇动枝条,捕杀落地成虫。在柿落花、落果期,清扫树下落花、落果,集中烧毁或深埋。在柿花象成虫出蛰上树初期、被害果落地幼虫脱果期及当年成虫羽化前,在树冠下的地面喷洒90%敌百虫、50%对硫磷1 000倍液或20%杀灭菊酯、2.5%溴氰菊酯3 000倍液等,均可防治成虫和幼虫。

(三)柿树病虫害综合防治

休眠期:剪除病虫枯枝,摘净树上残存的柿蒂、干果,清扫落叶烧毁或深埋,可以防治多种病虫害,如角斑病、圆斑病、炭疽病及蝉卵、介壳虫等。刮除树干粗皮,摘掉绑在树上的草环并烧毁,消灭在内越冬的柿蒂虫等。1~2月份天气变暖时,草履蚧若虫开始孵化上树,此时应注意检查,及时在树干上涂粘虫胶,阻止其上树危害。

发芽前:喷布5波美度石硫合剂防治病害及多种介壳虫。对于以成虫越冬的龟蜡蚧和红蜡蚧等,因其蜡壳较厚,可使用5%柴油乳剂。对于介壳虫的防治,发芽前是全年防治的重点,此时药打好了,生长期就可以不再防治,剩余的靠天敌控制。因此打药必须做到细致、周到,小枝、大枝、树干均应喷上药液。

落花后:喷布波尔多液或代森锌等杀菌剂 1～2 次,间隔 20 天左右,可防治多种病害。

幼果期至采收前:摘除第一、二代柿蒂虫危害果,特别是第一代虫果,如果摘净烧毁,可以减少第二代柿蒂虫的发生。8 月上中旬在刮过粗皮的树干上绑草环,诱集柿蒂虫进入过冬。对于多种食叶性害虫,尽量使用生物农药,如苏云金杆菌或灭幼脲等。注意保护天敌,要认真识别,在天敌发生量大时,尽量不使用广谱性药剂。

八　采收、脱涩与贮藏

(一)柿果采收

1. 采收时间

柿果的采收时间因地区、品种、用途等不同而异,一般南方比北方早采收半个月左右,同一地区不同品种间相差可达两个月之久。

(1)作脆柿鲜食用:果个大小固定、皮变黄色而未转红、种子已呈褐色时便可采收。采收过早果实着色差,含糖量低,品质不佳,抗病性差;采收过晚品质开始下降,果实极易软化腐烂。甜柿类品种能够在树上自行脱涩,采下便可鲜食,果皮正变红而肉质尚未软化时采收品质最佳。

(2)制柿饼:柿果要充分成熟,在果皮黄色减退而稍呈红色时采收,霜降前后为采收适期。此时果实含糖量高,尚未软化,削皮容易,制成柿饼品质最优。若采收过早,果实含糖量低,制出的柿饼质量不佳;采收过晚果实易软化,在加工时不易削皮。一般多用中晚熟品种。

(3)作软柿鲜食用:果实黄色减退充分转红时采收。此时果实含糖量高,色红,进行人工催熟后,软化便可食用。在南方少数地方任其在树上生长,待充分成熟呈半软状态时才采收,这样的果比人工催熟的味甜。

(4)提取柿漆:在8月下旬果实着色前采收,此时鞣酸含量高,为最适采收期。

2.采收方法

(1)折枝法:用手或挠钩等将果连同果枝上中部一起折下。使用此法易把连年结果果枝顶部的花芽摘掉,影响翌年产量,也常使二三年生枝折断。但折枝后可促发新枝,使树体更新或回缩结果部位,便于控制树冠,防止结果部位外移,可起到粗放修剪的作用。此方法适合进入盛果期后使用。

(2)摘果法:用手或摘果器将果逐个摘下,此方法虽不伤连年结果的枝条,但柿树易衰老,结果部位外移,内膛空虚,易出现大小年现象。此方法适合未进入结果盛期的幼树使用。

采收后要剪去果柄,摘掉萼片。因为果柄和萼片干后发硬,在贮藏和运输中易碰伤果实,影响商品价值。

(二)柿果脱涩

一般柿果成熟后都有涩味,不经脱涩无法直接食用。这是因为柿果肉中含有鞣酸,而鞣酸多数以可溶性状态存在。虽然鞣酸在果实成熟过程中可以逐渐由可溶性转化为不可溶性状态,但采下后仍有一部分可溶性鞣酸存在。鞣酸有收敛作用,当咬破果肉后,可溶性鞣酸流出来,被唾液溶解,使人感到涩味很大,只有经过人工处理脱涩后方可食用。甜柿类果实之所以采下后便可食用,是因为采收前鞣酸在树上已完全转化为不溶性状态,当咬破果肉后,不能被唾液溶解,所以感觉不到涩味。脱涩就是将可溶性鞣酸转化为不溶性鞣酸,并非将鞣酸除去或减少,这种变化只在鞣酸细胞内进行。脱涩原理大致有两种:一是直接作用,将乙醇、石灰水、食盐等化学物质直接渗入果肉中,与其中的鞣酸发生反应产生沉淀,使可溶性鞣酸转化为不溶性,达到脱涩目的;二是间接作用,将果实置于水或二氧化碳、乙烯等气体中,在无氧条件下使果肉细胞进行内呼吸,分解果实内的糖分,放出二氧化碳,产生乙醇,乙醇再转变为乙醛,使之与可溶性鞣酸结合变为不溶性的树脂状物质,使果实失去涩味。有的脱涩方法兼有以上两种原理。

脱涩快慢与品种、成熟度有关,也与当时气温和化学物质有关。一般脱涩方法有以下几种:

(1)温水脱涩:将新鲜柿果浸入 40 ℃左右的温水中,淹没柿果,加盖密封,保持恒温,经 10～24 小时后便能脱涩;在冷水中浸 5～6 天也能脱涩,但要经常换水。此方法脱涩柿味淡,不能久贮,2～3 天果实便发褐变软,不宜进行大规模生产。但此方法简单易行,脱涩速度快,适合小商贩和家庭采用。

(2)石灰水脱涩:将果实浸入 3‰~5‰ 的石灰水中。要先用水把石灰溶解,再加水稀释成 3‰~5‰ 的浓度,水量要淹没柿果,使石灰直接和果中的鞣酸物质发生作用,经 3~4 天便可脱涩。如能提高水温,可缩短脱涩时间。因为钙离子能阻碍原果胶的水解作用,所以脱涩后果实特别脆,适用于着色不久的柿果。唯一的缺点是脱涩后表面附有石灰痕迹,不易洗净,有碍美观,若处理不当,还会引起裂果。

(3)二氧化碳脱涩:把柿果装入密闭容器中,注入 70% 的二氧化碳气体(为适宜脱涩浓度),而后密封存放在 15~25 ℃ 的条件下,经过 2~3 天即可脱涩。

(4)乙烯利脱涩:将采摘下来的柿果浸泡在 0.4~0.5 克/升的乙烯利溶液中,10 分钟后捞出来放在塑料薄膜上堆放 48~50 小时即可脱涩。

(5)酒精脱涩:选用可装 15 千克柿果的纸箱,箱内垫 0.03 毫米厚的聚乙烯薄膜袋,按每千克柿果 4 毫升酒精或固体酒精(含 40% 酒精)的比例将酒精倒在厚吸水纸或脱脂棉上,每箱底部放 1~2 块即可密封外运,运输中即可脱涩,到达目的地可马上销售。

(6)谷氨酸钠脱涩:用 50 克谷氨酸钠、750 毫升 40% 乙醇,再加 250 毫升 40% 乙酸,放入高压锅内加热,把蒸气导入盛满柿果的塑料桶中,5分钟后密封脱涩,2天即可上市销售。此法脱涩的柿果口感好,肉脆,味甜,有醇香,外观黄绿色,硬度也好。

(7)松针脱涩:在脱涩容器底部铺1层切成小段的鲜松树针,约10厘米厚,柿果装入6层之后再放1层松针,直至把容器装满,再铺1层松针后密封脱涩3~5天即可上市。此法主要利用切断的松针呼吸作用比柿果大约10倍,耗氧快,迫使柿果进行无氧呼吸而达到脱涩目的。松针脱涩法简便、省工、省时,在有条件的柿产区可使用。

(8)榕树叶脱涩:有榕树的柿产区可选用此法脱涩。具体方法是容器底部铺1层榕树叶,再装1层柿果,这样一层层装满后,在容器上部再铺榕树叶,密封9天即可脱涩。

各柿产区可根据当地的实际情况和经济条件选择脱涩方法。但无论采用哪种脱涩方法,必须对脱涩用的柿果进行挑选,剔除碰伤果及病虫果,以免在脱涩过程中引起病菌感染,影响柿果的外观及品质。

(三)柿果贮藏

为了延长柿果的供应期和有利于加工,必须更好地解决贮藏保鲜,以提高果实的商品价值。贮藏柿果要依各地气候和地理条件,因地制宜选用中晚熟品种,细心采收,严格挑选,以达到贮藏标准。

柿果贮藏方法有室内堆藏、露天架藏、自然冷冻、冷冻保藏、气体贮藏、液藏法等,现介绍几种常用的方法。

(1)露天架藏法:用于贮藏的柿果宜在霜降后采收,此时果皮变厚,汁液变稠,含糖高,耐贮性强,认真挑选、采收无病虫的好果以备用。在院内选一阴凉处,距墙1米,留出人行道,地面用砖等物垫起15～30厘米,然后铺上秫秸箔,柿子放在箔上,一定要柿蒂向下,放6～8层,过厚在春季易压坏。在柿堆四周钉上木桩,夹上7～10厘米厚的谷草。柿果上面盖10厘米厚的谷草,天冷时要加至15厘米厚,以保温防风。到春天气温回升时,要防止柿果升温过快,使柿果变黑变软,缩短贮藏时间。一般常用土坯将四周围起来隔温,这样至少可贮藏到春节,最长可贮藏到清明节前后。在贮藏期间如降雨雪,要及时用塑料布遮盖,以防潮湿。取果时要一批一批地拿,不要乱翻,以防柿果变软。

(2)液藏法:要选无机械损伤、无病虫害、成熟度适中,果皮呈绿黄色的柿果,细心采收,并去除果柄备用。在采果的前一天将水烧开,每50升水加入食盐1.5千克、过筛的细明矾0.5千克,搅拌1小时,要使其溶解并出现大量泡沫,冷却后备用。将100千克鲜柿放入配好液的缸内,并用柿叶盖好,用竹条压住,使柿果完全浸于液内,缺水时要及时添加,浸泡 7 天便脱涩。脱涩后果实硬度无损,果色不变且味甜,贮藏时间可长达 5 个月之久。经浸泡的柿果可随时取出,近距离运输而不软腐。采收期遇梅雨可先浸果,待天晴后可取出晒柿饼,也可改为硬食供应市场,不会因气候变化而遭受经济损失。此种贮藏方法不需特殊设备,一般条件下均可采用,方法简便,易掌握且效果好,贮藏期长。原料中的明矾可保持果肉组织的硬度,不致软化,食盐具有防腐作用,所以浸泡后果实不会软化腐烂,肉色好,肉质脆硬甘甜。明矾使用过多时柿果品质差,盐使用过多则柿果带咸味,故两者比例一定要适宜。

(3)冷冻保藏法:低温保藏法,将柿果装入厚 0.06 毫米的聚乙烯塑料袋里密封好后,放入冷库中存放在温度 0～1 ℃、相对湿度 85%～90% 的条件下,可贮藏 50～70 天。冻结保藏法,把脱涩后的柿果装入聚乙烯塑料袋里密封后,放入 －18 ℃ 的低温库里冻结 1～2 天后,再移入 －10 ℃ 的冷库中贮存。此法可以长期贮藏柿果不变质。

(4)气体保藏法:选用长 80～110 厘米、宽 54～60 厘米、厚 0.06 毫米的低密度聚乙烯薄膜包装袋进行小包装,每袋装 150 个果,加入 500～1 000 克乙烯吸收剂,热焊密封。要求温度在 0 ℃ 左右,相对湿度在 90% 以上,袋内气体条件要求氧气含量 2%～3%、二氧化碳含量 5%～10%。装后要检查薄膜封口有无孔洞。由于薄膜密封低温保存，一直维持着减压状态，乙烯的生成受到抑制，可以防止柿果软化，也可阻碍病菌生长发育，涩柿可在袋内保持硬度和降低水分蒸发，并促进柿果脱涩。采用此法较稳定，实用价值高。